새로운 배움, 더 큰 즐거움

미래엔이 응원합니다!

수학 5·2

WRITERS

미래엔콘텐츠연구회
No.1 Content를 개발하는 교육 콘텐츠 연구회

COPYRIGHT

인쇄일 2023년 3월 13일(1판1쇄)
발행일 2023년 3월 13일

펴낸이 신광수
펴낸곳 (주)미래엔
등록번호 제16–67호

융합콘텐츠개발실 황은주
개발책임 김보나 **개발** 장지현, 이선화, 윤선정, 권순주, 심소정

디자인실장 손현지
디자인책임 김기욱 **디자인** 장병진

CS본부장 강윤구
제작책임 강승훈

ISBN 979-11-6841-430-3

초등 수학은 수와 연산, 도형, 측정, 규칙성, 자료와 가능성 영역으로 구성되어 있습니다. 초중고 모든 학년이 다음 학년과 연관되어 있으므로 모든 영역을 완벽하게 학습해 두어야 합니다.

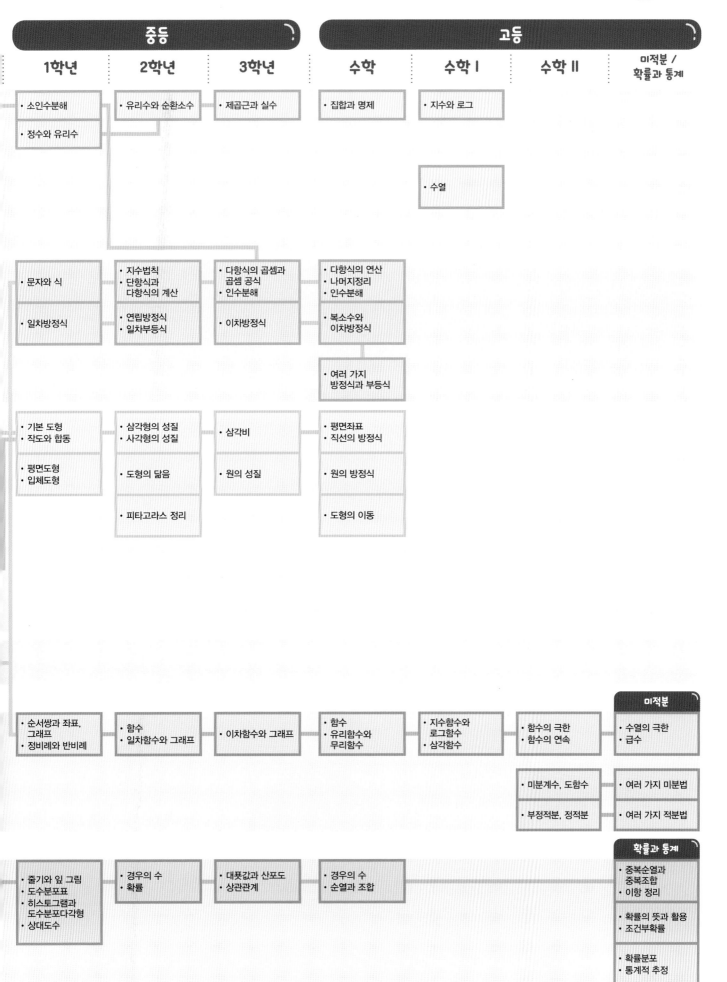

중등

1학년	2학년	3학년
• 소인수분해 • 정수와 유리수	• 유리수와 순환소수	• 제곱근과 실수

1학년	2학년	3학년

• 문자와 식
• 일차방정식
	• 지수법칙
	• 단항식과
	  다항식의 계산
	• 연립방정식
	• 일차부등식
		• 다항식의 곱셈과
		  곱셈 공식
		• 인수분해
		• 이차방정식

1학년	2학년	3학년
• 기본 도형 • 작도와 합동 • 평면도형 • 입체도형	• 삼각형의 성질 • 사각형의 성질 • 도형의 닮음 • 피타고라스 정리	• 삼각비 • 원의 성질

1학년	2학년	3학년
• 순서쌍과 좌표, 그래프 • 정비례와 반비례	• 함수 • 일차함수와 그래프	• 이차함수와 그래프

1학년	2학년	3학년
• 줄기와 잎 그림 • 도수분포표 • 히스토그램과 도수분포다각형 • 상대도수	• 경우의 수 • 확률	• 대푯값과 산포도 • 상관관계

고등

수학	수학 I	수학 II	미적분 / 확률과 통계
• 집합과 명제	• 지수와 로그		
	• 수열		

수학	수학 I	수학 II	

• 다항식의 연산
• 나머지정리
• 인수분해
• 복소수와
  이차방정식
• 여러 가지
  방정식과 부등식			

수학	수학 I	수학 II	
• 평면좌표 • 직선의 방정식 • 원의 방정식 • 도형의 이동			

미적분

수학	수학 I	수학 II	미적분

• 함수
• 유리함수와
  무리함수
	• 지수함수와
	  로그함수
	• 삼각함수
		• 함수의 극한
		• 함수의 연속
			• 수열의 극한
			• 급수

		• 미분계수, 도함수	• 여러 가지 미분법
		• 부정적분, 정적분	• 여러 가지 적분법

확률과 통계

수학	수학 I	수학 II	확률과 통계
• 경우의 수 • 순열과 조합			• 중복순열과 중복조합 • 이항 정리
			• 확률의 뜻과 활용 • 조건부확률
			• 확률분포 • 통계적 추정

초코가 추천하는
수학 5-2 학습 계획표

1 수의 범위와 어림하기

1일차
개념 1~2
008~011쪽
월 일
학습 완료

2일차
개념 3, 유형 1~2
012~015쪽
월 일
학습 완료

3일차
유형 3~4
016~017쪽
월 일
학습 완료

4일차
개념
018~0
월
학습 완료

2 분수의 곱셈

9일차
개념 1~2
042~045쪽
월 일
학습 완료

10일차
개념 3~4
046~049쪽
월 일
학습 완료

11일차
유형 1~4
050~053쪽
월 일
학습 완료

12일차
개념 5~7
054~059쪽
월 일
학습 완료

17일차
개념 3~4
080~083쪽
월 일
학습 완료

18일차
개념 5, 유형 1~2
084~087쪽
월 일
학습 완료

19일차
유형 3~5
088~090쪽
월 일
학습 완료

20일차
응용 1~3
091~093쪽
월 일
학습 완료

21일
단원평가
094~0

25일차
개념 5~7
114~119쪽
월 일
학습 완료

26일차
유형 1~4
120~123쪽
월 일
학습 완료

27일차
응용 1~4
124~127쪽
월 일
학습 완료

28일차
단원평가 1, 2회
128~133쪽
월 일
학습 완료

5 직육

33일차
응용 1~4
150~153쪽
월 일
학습 완료

34일차
단원평가 1, 2회
154~159쪽
월 일
학습 완료

6 평균과 가능성

35일차
개념 1~2
162~165쪽
월 일
학습 완료

36일차
개념 3~4
166~169
월
학습 완료

1 매일 꾸준히 학습하고 싶다면 수학 학습 계획표를 사용하여 스스로 공부하는 습관을 길러 보세요!

2 계획에 맞춰 학습하고, 학습이 끝나면 ☐에 √ 표시를 하세요.

~차
~5
21쪽
월 일

5일차
개념 6~7
022~025쪽
월 일
학습 완료 ☐

6일차
유형 1~4
026~029쪽
월 일
학습 완료 ☐

7일차
응용 1~4
030~033쪽
월 일
학습 완료 ☐

8일차
단원평가 1, 2회
034~039쪽
월 일
학습 완료 ☐

13일차
유형 1~4
060~063쪽
월 일
학습 완료 ☐

14일차
응용 1~4
064~067쪽
월 일
학습 완료 ☐

15일차
단원평가 1, 2회
068~073쪽
월 일
학습 완료 ☐

3
합동과 대칭

16일차
개념 1~2
076~079쪽
월 일
학습 완료 ☐

~차
~, 2회
99쪽
일
☐

4
소수의 곱셈

22일차
개념 1~2
102~105쪽
월 일
학습 완료 ☐

23일차
개념 3~4
106~109쪽
월 일
학습 완료 ☐

24일차
유형 1~4
110~113쪽
월 일
학습 완료 ☐

6
면체

29일차
개념 1~2
136~139쪽
월 일
학습 완료 ☐

30일차
개념 3~4
140~143쪽
월 일
학습 완료 ☐

31일차
개념 5, 유형 1~2
144~147쪽
월 일
학습 완료 ☐

32일차
유형 3~4
148~149쪽
월 일
학습 완료 ☐

~
쪽
일

37일차
개념 5, 유형 1~2
170~173쪽
월 일
학습 완료 ☐

38일차
유형 3~4
174~175쪽
월 일
학습 완료 ☐

39일차
응용 1~3
176~178쪽
월 일
학습 완료 ☐

40일차
단원평가 1, 2회
179~184쪽
월 일
학습 완료 ☐

초등에서 고등까지
수학 한눈에 보기

초등

	1학년	2학년	3학년	4학년	5학년	6학년
수와 연산	• 9까지의 수 • 50까지의 수 • 100까지의 수	• 세 자리 수 • 네 자리 수	• 분수와 소수	• 큰 수	• 약수와 배수 • 약분과 통분	
	• 덧셈과 뺄셈	• 덧셈과 뺄셈	• 덧셈과 뺄셈	• 곱셈과 나눗셈	• 자연수의 혼합 계산	• 분수의 나눗셈 • 소수의 나눗셈
		• 곱셈 • 곱셈구구	• 곱셈 • 나눗셈	• 분수의 덧셈과 뺄셈 • 소수의 덧셈과 뺄셈	• 분수의 덧셈과 뺄셈 • 분수의 곱셈 • 소수의 곱셈	
문자와 식						
도형 (기하)	• 여러 가지 모양	• 여러 가지 도형	• 평면도형 • 원	• 예각과 둔각 • 평면도형의 이동	• 합동과 대칭	• 각기둥과 각뿔 • 공간과 입체 • 원기둥, 원뿔, 구
				• 삼각형, 사각형 • 다각형	• 직육면체	
측정	• 비교하기	• 길이 재기	• 길이와 시간	• 각도	• 다각형의 둘레와 넓이	• 직육면체의 겉넓이와 부피
	• 시계 보기	• 시각과 시간	• 무게와 들이		• 수의 범위와 어림하기	• 원의 둘레와 넓이
규칙성	• 규칙 찾기	• 규칙 찾기		• 규칙 찾기	• 규칙과 대응	• 비와 비율 • 비례식과 비례배분
함수						
자료와 가능성 (확률과 통계)		• 분류하기	• 그림그래프	• 막대그래프 • 꺾은선그래프	• 평균과 가능성	• 여러 가지 그래프
		• 표와 그래프				

수학 5·2

수학은
우리 생활에 꼭 필요한 과목이에요.

하지만 수학의 원리를 이해하지 못하고
무작정 공부를 하거나
멀 배우는지 알지 못하는 친구들도 있어요.

그런 친구들을 위해
초코 가 왔어요!

초코 는~
처음부터 개념과 원리를 이해하기 쉽게 그림과 함께 정리했어요.
쉬운 익힘책 문제부터 유형별 문제까지 공부하다 보면
수학 실력을 쌓을 수 있어요.

공부가 재밌어지는 **초코** 와 함께라면
수학이 쉬워진답니다.

초등 수학의 즐거운 길잡이!
초코! 맛보러 떠나요~

구성과 특징

"책"으로 공부해요

1 개념이 탄탄

- 교과서 순서에 맞춘 개념 설명과 **이미지로 개념콕**으로 핵심 개념을 분명하게 파악할 수 있어요.

- 교과서와 익힘책 문제 수준의 기본 문제로 개념을 확실히 이해했는지 확인할 수 있어요.

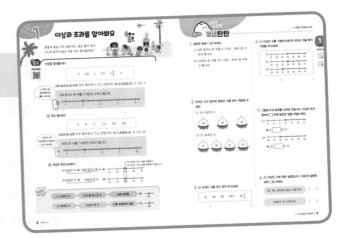

2 실력이 쑥쑥

- 개념별 유형을 꼼꼼히 분류하여 유형별로 다양한 문제를 풀면서 실력을 키울 수 있어요.

- **서술형** 문제로 서술형 평가에 대비할 수 있어요.

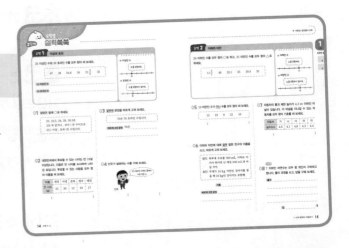

"온라인 서비스"도 활용해요

선생님과 함께하는 개념 강의

개념의 핵심을 잡을 수 있는 동영상 강의로 알차게 학습을 할 수 있어요.

간편한 연산 학습

바로 풀고 바로 답을 확인하는 연산 학습을 할 수 있어요.

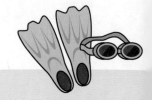

3 응용력도 UP UP

- 교과 학습 수준을 뛰어 넘어 수학적 역량을 기를 수 있는 문제로 응용력을 키울 수 있어요.

- 유사, 변형 문제로 학습 개념을 보다 깊이 이해하고, 실력을 완성할 수 있어요.

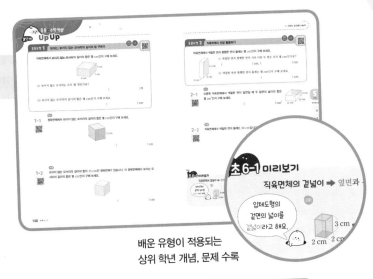

배운 유형이 적용되는
상위 학년 개념, 문제 수록

4 시험도 척척

- 단원 평가 1회, 2회를 통해 단원 학습을 완벽하게 마무리하고, 학교 시험에 대비할 수 있어요.

- 자주 출제되는 중요 서술형 문제로 서술형 평가에 대비할 수 있어요.

선생님의 친절한
풀이 강의
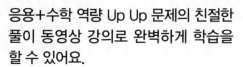

응용+수학 역량 Up Up 문제의 친절한 풀이 동영상 강의로 완벽하게 학습을 할 수 있어요.

궁금한
교과서 정답

미래엔 교과서 수학의 모범 답안을 단원별로 확인할 수 있어요.

차례

1

수의 범위와 어림하기

단원의 공부 계획을 세우고,
공부한 내용을 얼마나 이해했는지 스스로 평가해 보세요.

⭐⭐⭐ 자신있게 설명할 수 있어요.　⭐⭐ 설명하기 조금 힘들어요.　⭐ 어려워서 설명할 수 없어요.

이상과 초과를 알아봐요

물통에 물을 가득 담았어요. 담은 물의 양이
2 L와 같거나 많은 것을 모두 찾아볼까요?

탐구 이상을 알아볼까요?

개념 동영상

$$3 \quad 1.8 \quad 1 \quad 2.5 \quad 1\frac{3}{5} \quad 2$$

2와 같거나 큰 수를 모두 찾으면 3, 2.5, 2입니다. ➡ 2 이상인 수: 3, 2.5, 2

> 2 이상인 수는
> 2를 포함하므로
> ●로 나타내요.

2와 같거나 큰 수를 2 이상인 수라고 합니다.

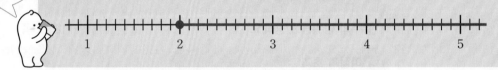

🔍 초과 알아보기

$$5 \quad 8 \quad 7 \quad 7.3 \quad 10 \quad 6.8$$

7보다 큰 수를 모두 찾으면 8, 7.3, 10입니다. ➡ 7 초과인 수: 8, 7.3, 10

> 7 초과인 수는
> 7을 포함하지 않으므로
> ○로 나타내요.

7보다 큰 수를 7 초과인 수라고 합니다.

🔍 이상과 초과 비교하기

35 이상인 수는 35를 포함하고,
35 초과인 수는 35를 포함하지 않습니다.

35 이상인 수 ➡ 35와 같거나 큰 수 ➡

35 초과인 수 ➡ 35보다 큰 수 ➡

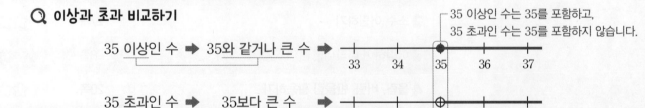

이미지로 개념 쏙

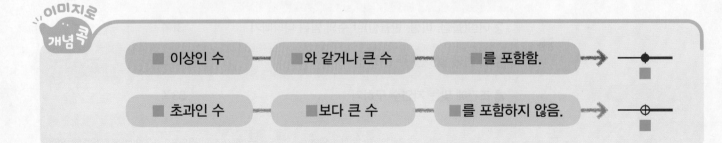

■ 이상인 수 ── ■와 같거나 큰 수 ── ■를 포함함.

■ 초과인 수 ── ■보다 큰 수 ── ■를 포함하지 않음.

1단계 개념탄탄

1 알맞은 말에 ○표 하세요.

(1) 4와 같거나 큰 수를 4 (이상 , 초과)인 수라고 합니다.

(2) 10보다 큰 수를 10 (이상 , 초과)인 수라고 합니다.

2 주어진 수의 범위에 알맞은 수를 찾아 색칠해 보세요.

(1) 15 이상인 수

(2) 21 초과인 수

3 46 초과인 수를 모두 찾아 써 보세요.

$$41 \qquad 49 \qquad 38 \qquad 46.5 \qquad 45\frac{1}{4}$$

( )

4 34 이상인 수를 그림에 바르게 나타낸 것을 찾아 기호를 써 보세요.

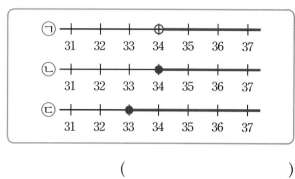

( )

5 그림에 수의 범위를 나타낸 것입니다. 이상과 초과 중에서 ☐ 안에 알맞은 말을 써넣으세요.

(1)

➡ 8 ☐ 인 수

(2)

➡ 52 ☐ 인 수

6 29 이상인 수에 대한 설명입니다. 바르게 설명한 것에 ○표 하세요.

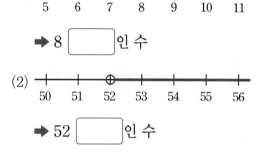

29, 30, 30.8과 같은 수입니다. ( )

29보다 큰 수입니다. ( )

2 이하와 미만을 알아봐요

비행기에 타려면 가방의 무게를 재어야 해요. 가방의 무게가
20 kg과 같거나 가벼운 것을 모두 찾아볼까요?

탐구 이하를 알아볼까요?

개념 동영상

| 21 | 27.5 | 19.3 | 20 | 10 | 24 |

20과 같거나 작은 수를 모두 찾으면 19.3, 20, 10입니다. ➡ 20 이하인 수: 19.3, 20, 10

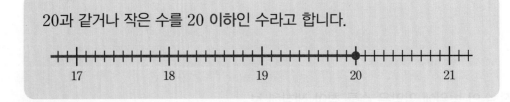

20과 같거나 작은 수를 20 이하인 수라고 합니다.

🔍 미만 알아보기

| 23 | 14 | 38 | 40 | 30.5 | 31 |

31보다 작은 수를 모두 찾으면 23, 14, 30.5입니다. ➡ 31 미만인 수: 23, 14, 30.5

31보다 작은 수를 31 미만인 수라고 합니다.

🔍 이하와 미만 비교하기

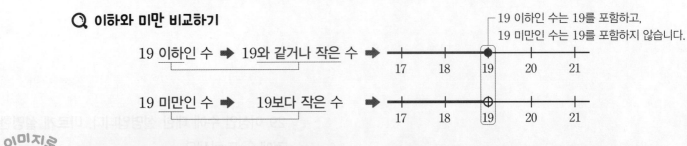

┌ 19 이하인 수는 19를 포함하고,
19 미만인 수는 19를 포함하지 않습니다.

19 이하인 수 ➡ 19와 같거나 작은 수 ➡

19 미만인 수 ➡ 19보다 작은 수 ➡

이미지로 개념콕

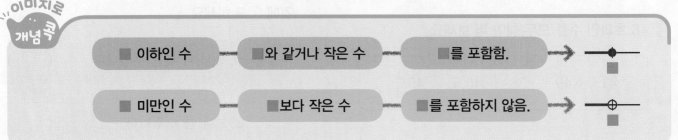

| ■ 이하인 수 | ■와 같거나 작은 수 | ■를 포함함. | ➡ |
| ■ 미만인 수 | ■보다 작은 수 | ■를 포함하지 않음. | ➡ |

공부한 날

월

일

1 알맞은 말에 ○표 하세요.

(1) 11과 같거나 작은 수를 11 (이하 , 미만) 인 수라고 합니다.

(2) 30보다 작은 수를 30 (이하 , 미만)인 수 라고 합니다.

2 주어진 수의 범위에 알맞은 수를 찾아 색칠해 보 세요.

(1) 6 이하인 수

(2) 25 미만인 수

3 17 이하인 수를 모두 찾아 ○표 하세요.

| 18 | 17 | 26 | 13.4 | $9\frac{1}{2}$ |

4 42 미만인 수를 그림에 바르게 나타낸 것을 찾아 기호를 써 보세요.

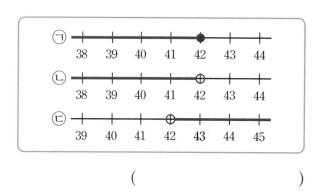

( )

5 그림에 수의 범위를 나타낸 것입니다. 이하와 미만 중에서 ☐ 안에 알맞은 말을 써넣으세요.

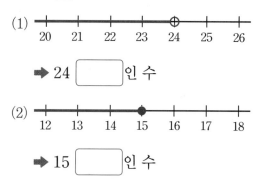

(1) ➡ 24 ☐ 인 수

(2) ➡ 15 ☐ 인 수

6 38 미만인 수에 대해 바르게 설명한 친구의 이름 을 써 보세요.

35, 36.5, 38과 같은 수야.

38보다 작은 수야.

윤희   민재

( )

1 148은 백 몇십쯤인지 알아보려고 합니다. 수를 그림에 나타내고, ☐ 안에 알맞은 수를 써넣으세요.

(1) 148을 그림에 ↓로 나타내 보세요.

```
   ├──┼──┼──┼──┼──┼──┼──┼──┼──┤
  140                          150
```

(2) 148은 140과 150 중에서 ☐에 더 가깝습니다.

(3) 148을 백 몇십쯤으로 나타내면 ☐쯤 입니다.

Tip 십의 자리 바로 아래 자리의 숫자를 살펴봅니다.

2 반올림하여 십의 자리까지 나타내 보세요.

(1) 69 → ☐☐

(2) 384 → 3☐☐

(3) 1287 → 12☐☐

Tip 소수 첫째 자리 바로 아래 자리의 숫자를 살펴봅니다.

3 반올림하여 소수 첫째 자리까지 나타내 보세요.

(1) 7.06 → ☐.☐

(2) 2.539 → ☐.☐

4 ☐ 안에 알맞은 수를 써넣으세요.

(1) 7208을 반올림하여 백의 자리까지 나타내면 ☐입니다.

(2) 63795를 반올림하여 천의 자리까지 나타내면 ☐입니다.

5 8425를 반올림하여 주어진 자리까지 나타내 보세요.

십의 자리	백의 자리	천의 자리

6 바르게 설명한 것에 ◯표, 잘못 설명한 것에 ✕표 하세요.

(1) 2970을 반올림하여 백의 자리까지 나타내면 3000입니다. ⋯⋯⋯⋯⋯ ( )

(2) 13486을 반올림하여 천의 자리까지 나타내면 14000입니다. ⋯⋯⋯⋯ ( )

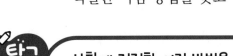

올림, 버림, 반올림을 활용해요

적절한 어림 방법을 찾고 어림해 볼까요?

탐구 상황에 적절한 어림 방법을 찾아볼까요?

개념 동영상

상황에 따라 적절한 어림 방법(올림, 버림, 반올림)을 활용합니다.

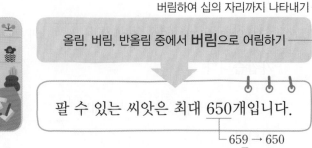

상황 1

씨앗 659개를
한 봉투에 10개씩 넣어
봉투로만 팔려고 해요.

버림하여 십의 자리까지 나타내기
올림, 버림, 반올림 중에서 **버림**으로 어림하기

팔 수 있는 씨앗은 최대 650개입니다.
└ 659 → 650

상황 2

10개씩 묶음으로만
파는 꽃 모종 294개를
사려고 해요.

올림하여 십의 자리까지 나타내기
올림, 버림, 반올림 중에서 **올림**으로 어림하기

사야 하는 모종은 최소 300개입니다.
└ 294 → 300

🔍 생활 속에서 수의 반올림 활용하기

주변에서 찾은
물건의 길이를 반올림하여
나타내 봐요.

각 물건의 길이는
몇 mm쯤이라고 할 수
있을까요?

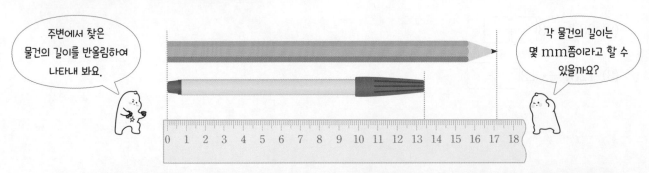

물건	잰 길이(mm)	몇십 mm	몇백 mm
연필	171.5	170	200
사인펜	134	130	100

연필의 길이 어림하기 171.5 mm를 반올림하여 십의 자리까지 나타내면 170 mm,
백의 자리까지 나타내면 200 mm입니다.

사인펜의 길이 어림하기 134 mm를 반올림하여 십의 자리까지 나타내면 130 mm,
백의 자리까지 나타내면 100 mm입니다.

1 사과 159개를 한 상자에 10개씩 담아 팔려고 합니다. 상자로만 팔 때 최대 몇 개의 사과를 팔 수 있을지 ☐ 안에 알맞게 써넣으세요.

(1) 한 상자에 10개씩 담으면 ☐ 상자에 담을 수 있고, 사과 9개가 남습니다.

(2) 남은 사과 9개는 상자에 담아 팔 수 없으므로 159개를 ☐ 개로 생각합니다.

➡ 올림, 버림, 반올림 중에서 ☐ 으로 어림해야 합니다.

(3) 팔 수 있는 사과는 최대 ☐ 개입니다.

2 흙 649자루를 트럭에 모두 실으려고 합니다. 트럭 한 대에 100자루씩 실을 수 있을 때 트럭은 최소 몇 대 필요할지 ☐ 안에 알맞게 써넣으세요.

(1) 흙을 100자루씩 트럭 ☐ 대에 실으면 흙 49자루가 남습니다.

(2) 남은 흙 49자루도 트럭에 실어야 하므로 649자루를 ☐ 자루로 생각합니다.

➡ 올림, 버림, 반올림 중에서 ☐ 으로 어림해야 합니다.

(3) 트럭은 최소 ☐ 대 필요합니다.

3 올림, 버림, 반올림 중에서 어떤 방법으로 어림했 나요?

> 2300원짜리 초콜릿을 사기 위해 1000원짜리 지폐를 3장 냈습니다.

( )

4 높이가 1894 mm인 책장이 있습니다. 책장의 높이를 반올림으로 어림한 친구를 찾아 이름을 써 보세요.

> 나연: 책장의 높이는 약 1900 mm야.
>
> 정수: 책장의 높이는 1000 mm라고 할 수 있어.
>
> 하훈: 책장의 높이는 1800 mm쯤이야.

( )

5 저금통에 모은 동전을 세어 보니 18670원이었습니다. 모은 동전을 1000원짜리 지폐로 바꾼다면 최대 얼마까지 바꿀 수 있는지 알맞은 어림 방법을 찾아 해결해 보세요.

> (올림 , 버림 , 반올림)으로 어림하면 최대 ☐ 원까지 바꿀 수 있습니다.

6 케이크를 만드는 데 밀가루가 1140 g 필요합니다. 가게에서 밀가루를 100 g 단위로만 판다면 최소 몇 g을 사야 하는지 알맞은 어림 방법을 찾아 ○표 하고, 답을 구해 보세요.

> 올림　　버림　　반올림

( ) g

유형 1 주어진 수 어림하기

주어진 수를 올림, 버림, 반올림하여 십의 자리까지 나타내 보세요.

수	올림	버림	반올림
13			
405			
5279			

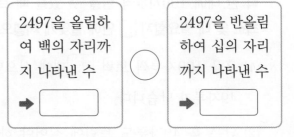

〈어림하여 백의 자리까지 나타내기〉

올림	버림
235 → 300	235 → 200

반올림: 구하려는 자리 바로 아래 자리의 숫자가 5 미만이면 버리고, 5 이상이면 올려요.

235 → 200
버려요.

01 어느 야구장에 하루 동안 입장한 관람객 수는 16473명입니다. 관람객 수를 올림, 버림, 반올림하여 천의 자리까지 나타내 보세요.

올림 (   )명
버림 (   )명
반올림 (   )명

02 반올림하여 백의 자리까지 나타낸 수와 버림하여 백의 자리까지 나타낸 수가 같은 수에 ○표 하세요.

2158	3416

03 2497을 어림하고, 어림한 수의 크기를 비교하여 ○ 안에 >, =, <를 알맞게 써넣으세요.

2497을 올림하여 백의 자리까지 나타낸 수 ➡ ☐	○	2497을 반올림하여 십의 자리까지 나타낸 수 ➡ ☐

04 반올림하여 백의 자리까지 나타낸 것입니다. 잘못 나타낸 것을 찾아 기호를 써 보세요.

㉠ 4862 → 4900
㉡ 8510 → 8500
㉢ 9046 → 9100

(   )

유형 2 소수 어림하기

어림을 바르게 한 것의 기호를 써 보세요.

> ㉠ 1.248을 버림하여 소수 첫째 자리까지 나타내면 1.2입니다.
> ㉡ 3.47을 올림하여 일의 자리까지 나타내면 3.5입니다.

(   )

| 버림하여 일의 자리까지 나타낼 때 | 1.34 → 1 버려요. |
| 올림하여 일의 자리까지 나타낼 때 | 올려요. 1.34 → 2 |

05 67.013을 올림, 버림, 반올림하여 소수 둘째 자리까지 나타내 보세요.

올림	버림	반올림

06 어림을 잘못한 친구의 이름을 쓰고, 바르게 고쳐 보세요.

> 명진: 2.105를 올림하여 소수 첫째 자리까지 나타내면 2.2야.
> 승우: 17.548을 반올림하여 소수 둘째 자리까지 나타내면 17.54야.

이름 _____

바르게 고친 문장 _____

서술형

07 해수는 32.643을 올림하여 소수 둘째 자리까지 나타냈습니다. 해수가 나타낸 수를 반올림하여 소수 첫째 자리까지 나타내면 얼마인지 풀이 과정을 쓰고, 답을 구해 보세요.

풀이 _____

_____

_____

답 _____

08 수 카드 7 , 5 , 8 , 9 를 한 번씩 모두 사용하여 가장 큰 소수 두 자리 수를 만들려고 합니다. 만들 수 있는 가장 큰 수를 각각 어림하여 소수 첫째 자리까지 나타내 보세요.

올림 (   )

버림 (   )

반올림 (   )

유형 3 ┃ 어림하여 나타내면 □가 되는 수 찾기

올림하여 백의 자리까지 나타내면 1700이 되는 수를 찾아 써 보세요.

| 1593 | 1817 | 1648 |

( )

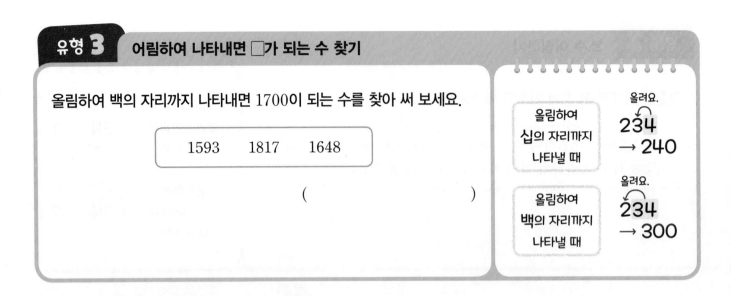

| 올림하여 십의 자리까지 나타낼 때 | 올려요. 234 → 240 |
| 올림하여 백의 자리까지 나타낼 때 | 올려요. 234 → 300 |

09 버림하여 십의 자리까지 나타내면 240이 되는 수를 말한 친구는 누구인가요?

251 동민 ⠀ 245 수영 ⠀ 239 은호

( )

10 반올림하여 백의 자리까지 나타내면 3800이 되는 수를 모두 찾아 ○표 하세요.

| 3760 | 3856 | 3729 | 3815 |

11 올림, 버림, 반올림하여 백의 자리까지 나타낸 수가 모두 4600이 되는 수의 기호를 써 보세요.

| ㉠ 4580 | ㉡ 4600 |

( )

12 3장의 수 카드 5 , 1 , 9 중에서 2장을 뽑아 한 번씩만 사용하여 두 자리 수를 만들려고 합니다. 반올림하여 십의 자리까지 나타내면 50이 되는 수를 만들어 보세요.

( )

유형 4 올림, 버림, 반올림 활용하기

공장에서 딸기 맛 사탕 248개, 포도 맛 사탕 336개를 만들었습니다. 두 가지 맛이 섞이도록 하여 사탕을 한 봉지에 10개씩 담아서 판다면 최대 몇 봉지까지 팔 수 있고, 남는 사탕은 몇 개인가요?

(   )봉지, (   )개

| 묶음으로만 살 때 | → | 올림 |
| 묶음으로만 팔 때 | → | 버림 |

13 학교에서 도서관을 지나 서점까지의 거리를 반올림하여 일의 자리까지 나타내면 몇 km인가요?

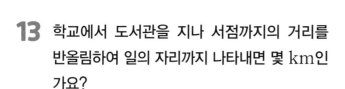

(   ) km

14 어림 방법이 <u>다른</u> 하나를 찾아 ○표 하세요.

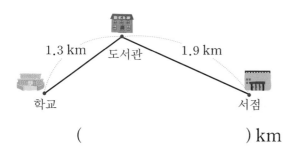

| 1 kg씩 파는 콩이 2.4 kg 필요할 때 사야 하는 콩의 양 |
| 자두 1347개를 100개씩 상자에 담아 팔 때 팔 수 있는 자두 수 |
| 42명이 10명씩 탈 수 있는 버스에 탈 때 최소로 필요한 버스 수 |

서술형
15 은비네 반 친구들에게 색종이 142장을 나누어 주려고 합니다. 문구점에서 색종이를 10장씩 묶음으로 팔고, 10장에 400원이라고 합니다. 이 문구점에서 색종이를 산다면 최소 얼마가 필요할지 풀이 과정을 쓰고, 답을 구해 보세요.

풀이 _____

_____

_____

답 _____ 원

Tip 철사의 길이를 cm로 나타냅니다.

16 철물점에서 철사 7.8 m를 100 cm씩 잘라 팔고 있습니다. 한 도막에 2500원을 받고 판다면 최대 얼마까지 받을 수 있는지 구해 보세요.

(   )원

응용유형 **1** □를 포함하는 수의 범위

24를 포함하는 수의 범위를 모두 찾아 기호를 써 보세요.

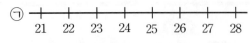

⊙ 24 초과 27 이하인 수　　ⓒ 24 이상 28 미만인 수
ⓒ 23 초과 26 미만인 수　　ⓔ 25 이상 28 이하인 수

(1) ⊙, ⓒ, ⓒ, ⓔ의 수의 범위를 그림에 나타내 보세요.

⊙ ┼─┼─┼─┼─┼─┼─┼─┼
　21　22　23　24　25　26　27　28

ⓒ ┼─┼─┼─┼─┼─┼─┼─┼
　21　22　23　24　25　26　27　28

ⓒ ┼─┼─┼─┼─┼─┼─┼─┼
　21　22　23　24　25　26　27　28

ⓔ ┼─┼─┼─┼─┼─┼─┼─┼
　21　22　23　24　25　26　27　28

(2) 24를 포함하는 수의 범위를 모두 찾아 기호를 써 보세요.

(　　　　　　　　　)

유사

1-1

37을 포함하지 <u>않는</u> 수의 범위를 모두 찾아 기호를 써 보세요.

⊙ 37 이상 40 이하인 수　　ⓒ 38 초과 41 이하인 수
ⓒ 36 초과 39 미만인 수　　ⓔ 35 이상 37 미만인 수

(　　　　　　　　　)

변형

1-2

⊙과 ⓒ에 공통으로 포함되는 자연수를 모두 구해 보세요.

⊙ 19 이상 24 미만인 수　　ⓒ 20 초과 25 이하인 수

(　　　　　　　　　)

중2 미리보기

부등식을 그림(수직선)에 나타내기

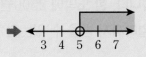

예 ■ > 5
➡ ■는 5보다 큽니다.

➡ ┼─┼─┼─┼─┼─
　　3　4　5　6　7

▲ ≤ 8
➡ ▲는 8과 같거나 작습니다.

➡ ┼─┼─┼─┼─┼
　　6　7　□　9　10

부등호 <, >, ≤, ≥를 사용하여 수 또는 식의 대소 관계를 나타낸 것을 부등식이라고 해요.

답 8

1
단원

공부한 날

월

일

응용유형 2 **어림(올림, 버림, 반올림)한 수의 범위 나타내기**

어떤 수를 반올림하여 십의 자리까지 나타냈더니 120이 되었습니다. 어떤 수가 될 수 있는 수의 범위를 그림에 나타내 보세요.

(1) 120보다 작은 수 중에서 반올림하여 십의 자리까지 나타낼 때 120이 될 수 있는 수의 범위를 이상을 사용하여 써 보세요.

(   ) 이상인 수

(2) 120과 같거나 큰 수 중에서 반올림하여 십의 자리까지 나타낼 때 120이 될 수 있는 수의 범위를 미만을 사용하여 써 보세요.

(   ) 미만인 수

(3) 어떤 수가 될 수 있는 수의 범위를 위 그림에 나타내 보세요.

유사

2-1 어떤 수를 올림하여 십의 자리까지 나타냈더니 50이 되었습니다. 어떤 수가 될 수 있는 수의 범위를 초과와 이하를 이용하여 그림에 나타내고, 어떤 수가 될 수 있는 수 중에서 가장 큰 자연수를 구해 보세요.

(   )

변형

2-2 어떤 수를 버림하여 백의 자리까지 나타냈더니 700이 되었습니다. 어떤 수가 될 수 있는 수의 범위를 그림에 나타내고, 어떤 수가 될 수 있는 수 중에서 가장 큰 자연수와 가장 작은 자연수를 각각 구해 보세요.

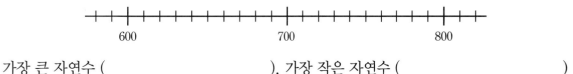

가장 큰 자연수 (   ), 가장 작은 자연수 (   )

응용유형 3   □ 안에 알맞은 수 구하기

주어진 수를 올림하여 천의 자리까지 나타내면 16000입니다. □ 안에 알맞은 수를 구해 보세요.

$$1\boxed{}274$$

(1) 알맞은 말이나 수에 ○표 하세요.

주어진 수를 올림하여 천의 자리까지 나타내면
(십 , 백 , 천)의 자리 숫자가 (1 , 10 , 100) 커집니다.

(2) □ 안에 알맞은 수를 구해 보세요.

(   )

유사

3-1 사물함에 세 자리 수 번호가 붙어 있습니다. 번호를 각각 반올림하여 십의 자리까지 나타내면 모두 같은 수가 됩니다. 빈칸에 알맞은 수를 써넣으세요.

2 7 5   2 _ 3   2 _ 8

변형

3-2 다음 수를 버림하여 천의 자리까지 나타낸 수와 반올림하여 천의 자리까지 나타낸 수가 같습니다. 0부터 9까지의 수 중에서 □ 안에 들어갈 수 있는 수를 모두 구해 보세요.

$$5\boxed{}61$$

(   )

응용유형 4 조건에 맞는 자연수 구하기

1
단원

공부한 날

월

일

조건에 맞는 자연수를 모두 찾아 써 보세요.

> **조 건**
> • 수를 올림하여 십의 자리까지 나타내면 930이 됩니다.
> • 수를 반올림하여 십의 자리까지 나타내면 930이 됩니다.
> • 일의 자리 수가 5 초과 8 이하입니다.

(1) 올림하여 십의 자리까지 나타내면 930이 되는 수의 범위를 써 보세요.

☐ 초과 ☐ 이하인 수

(2) (1)에서 구한 수 중에서 반올림하여 십의 자리까지 나타내면 930이 되는 자연수를 모두 써 보세요.

(   )

(3) (2)에서 구한 자연수 중에서 일의 자리 수가 5 초과 8 이하인 수를 모두 써 보세요.

(   )

유사

4-1 **조건**에 맞는 자연수 중에서 가장 큰 수를 구해 보세요.

> **조 건**
> • 수를 반올림하여 십의 자리까지 나타내면 6870입니다.
> • 일의 자리 수는 6 이상 9 이하입니다.

(   )

변형

4-2 **조건**에 맞는 자연수를 모두 찾아 써 보세요.

> **조 건**
> • 200 이상 300 미만인 수입니다.
> • 십의 자리 수는 6 초과 8 미만입니다.
> • 일의 자리 수는 십의 자리 수보다 큽니다.

(   )

1. 수의 범위와 어림하기

점수

점

한 문항당 배점은 5점입니다.

[01~02] 수를 보고 물음에 답하세요.

6	13	30	25	18
44	9	21	52	15

01 30 이상인 수를 모두 찾아 써 보세요.

( )

02 13 미만인 수를 모두 찾아 써 보세요.

( )

03 22 초과 35 이하인 수를 모두 찾아 ○표 하세요.

19	35	22	38	29

04 수를 올림하여 십의 자리까지 나타내 보세요.

369

( )

05 그림에 나타낸 수의 범위를 써 보세요.

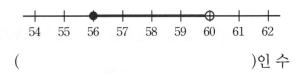

( )인 수

06 7 초과 11 미만인 수의 범위를 그림에 나타내 보세요.

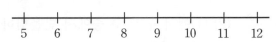

중요
07 6147을 올림, 버림, 반올림하여 천의 자리까지 나타내 보세요.

올림	버림	반올림

08 나이가 15살 이상 관람가인 영화가 있습니다. 동규네 가족 중에서 이 영화를 볼 수 <u>없는</u> 사람을 모두 찾아 써 보세요.

가족	아버지	동생	어머니	동규	형
나이(살)	48	10	44	14	15

( )

[09~10] 동원이네 학교 씨름 선수들의 몸무게와 체급별 몸무게를 나타낸 표입니다. 물음에 답하세요.

이름	몸무게(kg)	이름	몸무게(kg)
동원	50.1	승우	43.7
형지	45.0	한희	52.4
상호	46.8	은성	50.0

몸무게(kg)	체급
40 초과 45 이하	소장급
45 초과 50 이하	청장급
50 초과 55 이하	용장급

09 동원이와 같은 체급인 친구를 찾아 이름을 써 보세요.

( )

10 그림에 나타낸 몸무게의 범위에 있는 체급의 친구를 모두 찾아 이름을 써 보세요.

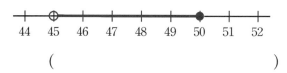

( )

중요

11 수를 버림하여 십의 자리까지 나타낸 것입니다. **잘못** 나타낸 것을 찾아 기호를 써 보세요.

> ㉠ 2085 ➡ 2080
>
> ㉡ 4770 ➡ 4760
>
> ㉢ 3942 ➡ 3940

( )

12 어림한 수의 크기를 비교하여 ◯ 안에 ＞, ＝, ＜를 알맞게 써넣으세요.

> 3216을 올림하여 백의 자리까지 나타낸 수   ◯   3249를 반올림하여 십의 자리까지 나타낸 수

13 반올림하여 백의 자리까지 나타내면 7800이 되는 수를 찾아 기호를 써 보세요.

> ㉠ 7743   ㉡ 7904
>
> ㉢ 7864   ㉣ 7751

( )

응용

14 정효는 100원짜리 동전 326개를 모았습니다. 정효가 모은 동전을 1000원짜리 지폐로 바꾼다면 얼마까지 바꿀 수 있나요?

( )원

15 호영이네 학교 5학년 친구 213명에게 공책을 한 권씩 나누어 주려고 합니다. 공책을 10권씩 묶음으로만 살 수 있다면 최소 몇 권을 사야 하는지 구해 보세요.

( )권

중요

16 어림 방법이 다른 하나를 찾아 기호를 써 보세요.

> ㉠ 쿠폰 10장으로 상품 1개를 받을 수 있
> 을 때 쿠폰 37장으로 받을 수 있는 상
> 품의 최대 개수
> ㉡ 1000원짜리 지폐로만 물건을 살 때
> 9300원짜리 물건을 사는 데 최소로
> 필요한 금액
> ㉢ 1 kg씩 파는 설탕이 3.1 kg 필요할 때
> 사야 하는 설탕의 양

(   )

17 다음 수를 올림하여 백의 자리까지 나타낸 수
와 반올림하여 백의 자리까지 나타낸 수가 같
습니다. 0부터 9까지의 수 중에서 ☐ 안에 들
어갈 수 있는 수를 모두 구해 보세요.

> 42☐6

(   )

응용

18 수 카드 4장 중에서 2장을 뽑아 한 번씩만 사
용하여 두 자리 수를 만들려고 합니다. 만들
수 있는 수 중에서 35 이상 53 미만인 수는
모두 몇 개인지 구해 보세요.

 1   3   5   7

(   )개

서술형 문제

19 28 초과 32 이하인 자연수들의 합은 얼마
인지 풀이 과정을 쓰고, 답을 구해 보세요.

풀이 _____

_____

_____

_____

답 _____

20 다음 수를 올림하여 천의 자리까지 나타낸
수와 버림하여 십의 자리까지 나타낸 수의
차를 구하려고 합니다. 풀이 과정을 쓰고,
답을 구해 보세요.

> 6152

풀이 _____

_____

_____

_____

답 _____

점수

점

한 문항당 배점은 5점입니다.

➔ 바른답·알찬풀이 **10**쪽

1
단원

공부한 날

월

일

01 49 미만인 수를 모두 찾아 써 보세요.

| 60 16 59 34 55 49 |

( )

02 27 초과인 수를 모두 찾아 ○표 하고, 27 이하인 수를 모두 찾아 △표 하세요.

| 42   25.6   18 $33\frac{1}{4}$ 27 |

03 주어진 수를 버림하여 백의 자리까지 나타내 보세요.

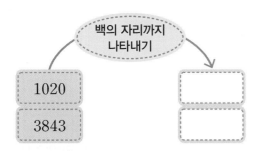

백의 자리까지
나타내기

1020

3843

04 수를 반올림하여 십의 자리까지 나타내 보세요.

5132

( )

05 27 이상 33 미만인 자연수만 쓴 친구는 누구인가요?

재희: 27, 31, 33
문주: 28, 30, 32

( )

중요
06 수의 범위를 그림에 나타내 보세요.

19 초과 22 이하인 수

17 18 19 20 21 22 23 24

07 3.572를 올림, 버림, 반올림하여 소수 첫째 자리까지 나타내 보세요.

올림	버림	반올림

08 80을 포함하는 수의 범위를 모두 찾아 기호를 써 보세요.

| ㉠ 80 이상인 수   ㉡ 80 초과인 수
㉢ 80 미만인 수   ㉣ 80 이하인 수 |

( )

09 더 큰 수의 기호를 써 보세요.

> ㉠ 247을 올림하여 백의 자리까지 나타낸 수
> ㉡ 294를 버림하여 십의 자리까지 나타낸 수

(   )

10 식중독 지수가 55 이상 71 미만이면 '주의' 단계입니다. 식중독 지수가 '주의' 단계인 지점은 모두 몇 곳인가요?

지점	식중독 지수	지점	식중독 지수
가	51	라	63
나	55	마	73
다	70	바	48

(   )곳

11 그림에 나타낸 수의 범위에 있는 자연수는 모두 몇 개인가요?

```
●————————————⊕
67            73
```

(   )개

중요

12 빨간색 리본이 834 cm 있습니다. 꽃 한 송이를 만드는 데 10 cm의 리본이 필요하다면 꽃을 최대 몇 송이까지 만들 수 있는지 알맞은 어림 방법을 찾아 ○표 하고, 답을 구해 보세요.

> 올림   버림   반올림

(   )송이

[13~14] 정원이네 가족의 나이와 관람하려고 하는 미술관의 입장료를 나타낸 표입니다. 물음에 답하세요.

가족	어머니	아버지	누나	할아버지	정원
나이(살)	40	45	13	65	12

나이(살)	입장료(원)
7 미만	무료
7 이상 12 미만	3000
12 이상 19 미만	4500
19 이상 64 미만	6000
64 이상	무료

13 정원이네 가족의 입장료는 모두 얼마인가요?

(   )원

14 정원이네 가족의 입장료를 10000원짜리 지폐로만 내려면 최소 몇 장 내야 하나요?

(   )장

응용

15 세하의 사물함 자물쇠의 비밀번호 네 자리 수를 올림하여 백의 자리까지 나타내면 9700입니다. 세하의 사물함 자물쇠의 비밀번호를 구해 보세요.

> 내 사물함 자물쇠의 비밀번호는 □□14예요.

세하

(   )

16 수 카드를 한 번씩 모두 사용하여 소수 세 자리 수를 만들려고 합니다. 만들 수 있는 가장 큰 소수와 가장 작은 소수를 각각 반올림하여 소수 둘째 자리까지 나타내 보세요.

2	8	4	6

가장 큰 수 (   )

가장 작은 수 (   )

중요
17 어떤 수를 반올림하여 백의 자리까지 나타냈더니 5400이 되었습니다. 어떤 수가 될 수 있는 수의 범위를 이상과 미만을 사용하여 써 보세요.

[＿＿＿] 이상 [＿＿＿] 미만인 수

응용
18 **조건**에 맞는 소수 한 자리 수를 모두 찾아 써 보세요.

조건
• 자연수 부분은 4 이상 6 미만인 수입니다.
• 소수 첫째 자리 수는 2 초과 5 이하인 수입니다.
• 소수를 반올림하여 일의 자리까지 나타내면 5가 됩니다.

(   )

서술형 문제

19 2638을 어림하였더니 2600이 되었습니다. 어떻게 어림했는지 알맞은 어림 방법을 찾아 ○표 하고, 설명해 보세요.

방법 1 (올림 , 버림 , 반올림)

_____

_____

방법 2 (올림 , 버림 , 반올림)

_____

_____

_____

20 두 수의 범위에 공통으로 포함되는 자연수를 모두 구하려고 합니다. 풀이 과정을 쓰고, 답을 구해 보세요.

ⓐ 37 초과 43 이하인 수
ⓑ 41 이상 46 미만인 수

풀이

_____

_____

_____

답

2

분수의 곱셈

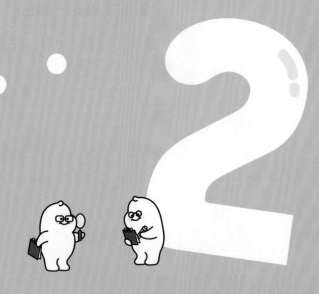

단원의 공부 계획을 세우고,
공부한 내용을 얼마나 이해했는지 스스로 평가해 보세요.

☆☆☆ 자신있게 설명할 수 있어요.   ☆☆ 설명하기 조금 힘들어요.   ☆ 어려워서 설명할 수 없어요.

(진분수) × (자연수)를 계산해요

우유가 $\frac{1}{5}$씩 담긴 똑같은 컵이 3개 있어요.

우유를 모두 모으면 한 컵의 얼마인지 알아볼까요?

$\frac{1}{5} \times 3$을 계산해 볼까요?

개념 동영상

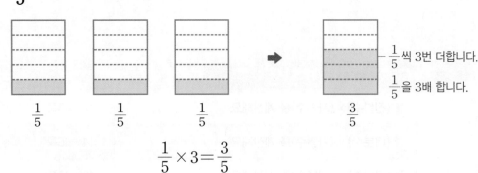

$\frac{1}{5}$씩 3번 더합니다.

$\frac{1}{5}$을 3배 합니다.

$\frac{1}{5} \times 3 = \frac{3}{5}$

$\frac{3}{4} \times 2$ 계산하기

| | 0 | | | 1 | | | 2 |

$$\frac{3}{4} \times 2 = \frac{6}{4}$$

$\frac{3}{4}$은 $\frac{1}{4}$이 3개이므로 $\frac{3}{4} \times 2$는 $\frac{1}{4}$이 3개씩 2묶음입니다.

$\frac{3}{4} \times 2$는 $\frac{1}{4}$이 3×2개이므로 $\frac{3}{4} \times 2 = \frac{3 \times 2}{4}$입니다.

$$\frac{3}{4} \times 2 = \frac{3 \times 2}{4} = \frac{\overset{3}{\cancel{6}}}{\underset{2}{\cancel{4}}} = \frac{3}{2} = 1\frac{1}{2}$$

$\frac{3}{4} \times 2 = \frac{3 \times \overset{1}{2}}{\cancel{4}} = \frac{3}{2} = 1\frac{1}{2}$ 또는

$\frac{3}{\cancel{4}} \times \overset{1}{\cancel{2}} = \frac{3 \times 1}{2} = \frac{3}{2} = 1\frac{1}{2}$과 같이

계산할 수도 있어요.

(진분수) × (자연수)는 분수의 분모는 그대로 두고, 분수의 분자와 자연수를 곱합니다.

이미지로 개념 쏙

$$\frac{2}{7} \times 3 = \frac{2 \times 3}{7} = \frac{6}{7} \qquad \frac{3}{5} \times 4 = \frac{3 \times 4}{5} = \frac{12}{5} = 2\frac{2}{5}$$

1 그림을 보고 ☐ 안에 알맞은 수를 써넣으세요.

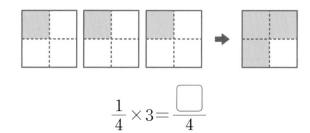

$$\frac{1}{4} \times 3 = \frac{\boxed{}}{4}$$

2 ☐ 안에 알맞은 수를 써넣으세요.

$$\frac{1}{3} \times 5 = \frac{1}{3} + \frac{1}{3} + \frac{1}{3} + \frac{1}{3} + \frac{1}{3}$$
$$= \frac{\boxed{}}{3} = \boxed{}\frac{\boxed{}}{3}$$

3 ☐ 안에 알맞은 수를 써넣어 $\frac{2}{5} \times 3$과 $\frac{2 \times 3}{5}$을 비교해 보세요.

$$\frac{2}{5} \times 3 \Rightarrow \frac{1}{5}$$이 $\boxed{}$개씩 3묶음

$$\Rightarrow \frac{1}{5}$$이 $\boxed{} \times 3$개

$$\Rightarrow \frac{\boxed{} \times 3}{5}$$

따라서 $\frac{2}{5} \times 3 = \frac{\boxed{} \times 3}{5}$입니다.

4 바르게 약분한 것에 ◯표 하세요.

$$\overset{1}{\underset{}{\frac{5}{6}}} \times \overset{6}{\cancel{30}} \qquad \overset{}{\underset{1}{\frac{5}{6}}} \times \overset{5}{\cancel{30}}$$

(   )   (   )

5 $\frac{7}{9} \times 3$을 계산하려고 합니다. ☐ 안에 알맞은 수를 써넣으세요.

(1) $\frac{7}{9} \times 3 = \frac{7 \times 3}{9} = \frac{21}{9}$
$$= \frac{\boxed{}}{\boxed{}} = \boxed{}\frac{\boxed{}}{\boxed{}}$$

(2) $\frac{7}{9} \times \cancel{3} = \frac{7 \times \cancel{3}}{\cancel{9}} = \frac{\boxed{}}{\boxed{}} = \boxed{}\frac{\boxed{}}{\boxed{}}$

(3) $\frac{7}{9} \times \cancel{3} = \frac{\boxed{}}{\boxed{}} = \boxed{}\frac{\boxed{}}{\boxed{}}$

6 계산해 보세요.

(1) $\frac{3}{7} \times 4$

(2) $\frac{8}{15} \times 3$

2 (대분수) × (자연수)를 계산해요

포도 한 상자의 무게는 $1\frac{1}{5}$ kg이에요.

포도 3상자의 무게는 모두 몇 kg인지 알아볼까요?

$1\frac{1}{5} \times 3$을 계산해 볼까요?

개념 동영상

방법 1 대분수를 자연수 부분과 진분수 부분으로 나누어 계산하기

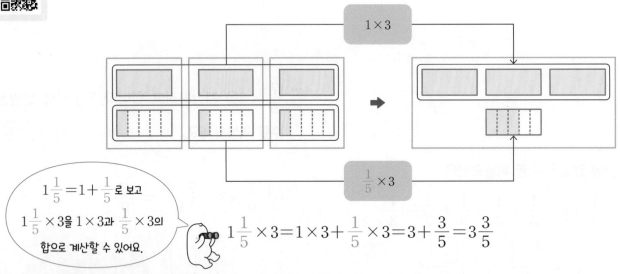

1×3

$\frac{1}{5} \times 3$

$1\frac{1}{5} = 1 + \frac{1}{5}$로 보고

$1\frac{1}{5} \times 3$을 1×3과 $\frac{1}{5} \times 3$의

합으로 계산할 수 있어요.

$1\frac{1}{5} \times 3 = 1 \times 3 + \frac{1}{5} \times 3 = 3 + \frac{3}{5} = 3\frac{3}{5}$

방법 2 대분수를 가분수로 바꾸어 계산하기

$$1\frac{1}{5} \times 3 = \frac{6}{5} \times 3 = \frac{6 \times 3}{5} = \frac{18}{5} = 3\frac{3}{5}$$

(대분수) × (자연수)는 대분수를 자연수 부분과 진분수 부분으로 나누어 계산하거나 대분수를
가분수로 바꾼 다음 분수의 분모는 그대로 두고, 분수의 분자와 자연수를 곱합니다.

이미지로 개념 콕

$\frac{2}{7} \times 3 = \frac{2 \times 3}{7} = \frac{6}{7}$

$$1\frac{2}{7} \times 3 = 1 \times 3 + \frac{2}{7} \times 3 = 3 + \frac{6}{7} = 3\frac{6}{7}$$

$$1\frac{2}{7} \times 3 = \frac{9}{7} \times 3 = \frac{9 \times 3}{7} = \frac{27}{7} = 3\frac{6}{7}$$

1 그림을 보고 ☐ 안에 알맞은 수를 써넣으세요.

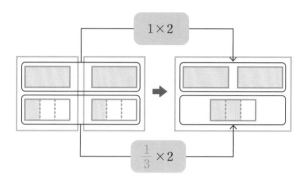

$$1\frac{1}{3} \times 2 = 1 \times 2 + \frac{1}{3} \times 2$$

$$= 2 + \frac{\boxed{}}{3} = \boxed{}\frac{\boxed{}}{3}$$

2 그림을 보고 ☐ 안에 알맞은 수를 써넣으세요.

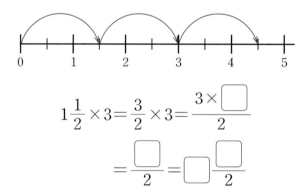

$$1\frac{1}{2} \times 3 = \frac{3}{2} \times 3 = \frac{3 \times \boxed{}}{2}$$

$$= \frac{\boxed{}}{2} = \boxed{}\frac{\boxed{}}{2}$$

3 $1\frac{2}{5} \times 3$과 계산 결과가 <u>다른</u> 것을 찾아 기호를 써 보세요.

㉠ $1\frac{2}{5} + 1\frac{2}{5} + 1\frac{2}{5}$	㉡ $1 \times 3 + \frac{2}{5} \times 3$
㉢ $1 + \frac{2 \times 3}{5}$	㉣ $\frac{7}{5} \times 3$

(   )

4 $1\frac{2}{9} \times 4$를 두 가지 방법으로 계산하려고 합니다. ☐ 안에 알맞은 수를 써넣으세요.

(1) $1\frac{2}{9} \times 4 = 1 \times \boxed{} + \frac{2}{9} \times \boxed{}$

$$= \boxed{} + \frac{\boxed{}}{9} = \boxed{}\frac{\boxed{}}{9}$$

(2) $1\frac{2}{9} \times 4 = \frac{11}{9} \times 4 = \frac{11 \times \boxed{}}{9}$

$$= \frac{\boxed{}}{9} = \boxed{}\frac{\boxed{}}{9}$$

5 대분수를 가분수로 바꾸어 계산해 보세요.

$2\frac{5}{6} \times 4$

6 계산해 보세요.

(1) $1\frac{5}{8} \times 3$

(2) $2\frac{3}{4} \times 2$

3 (자연수) × (진분수)를 계산해요

끈 10 m가 있어요. 그중에서 $\frac{2}{5}$를 사용하여 벽을 꾸몄어요.

사용한 끈은 몇 m인지 알아볼까요?

개념 동영상

$10 \times \frac{2}{5}$를 계산해 볼까요?

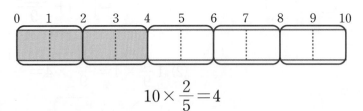

$$10 \times \frac{2}{5} = 4$$

10의 $\frac{2}{5}$는
10을 5등분한 것 중의
2만큼이므로 4예요.

🔍 $2 \times \frac{2}{3}$ 계산하기

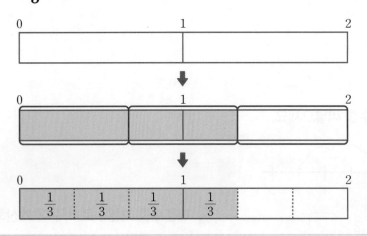

2의 $\frac{2}{3}$는
2를 3등분한 것 중의
2만큼이에요.

$2 \times \frac{2}{3}$는
$\frac{1}{3}$이 4개예요.

$2 \times \frac{2}{3} = \frac{4}{3}$이고, $\frac{2}{3} \times 2 = \frac{2 \times 2}{3} = \frac{4}{3}$로 계산 결과가 같습니다.

$2 \times \frac{2}{3} = \frac{2}{3} \times 2$라고 할 수 있습니다.

$$2 \times \frac{2}{3} = \frac{2 \times 2}{3} = \frac{4}{3} = 1\frac{1}{3}$$

(자연수) × (진분수)는 분수의 분모는 그대로 두고,
자연수와 분수의 분자를 곱합니다.

$$\overset{2}{8} \times \frac{3}{\underset{1}{4}} = \frac{8 \times 3}{4} = 6 \qquad 2 \times \frac{3}{5} = \frac{2 \times 3}{5} = \frac{6}{5} = 1\frac{1}{5}$$

1단계 개념탄탄

1 그림을 보고 ☐ 안에 알맞은 수를 써넣으세요.

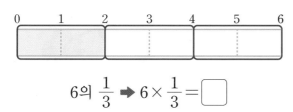

$$6의 \frac{1}{3} \ \blacktriangleright \ 6 \times \frac{1}{3} = \boxed{}$$

2 그림을 보고 ☐ 안에 알맞은 수를 써넣으세요.

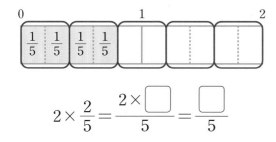

$$2 \times \frac{2}{5} = \frac{2 \times \boxed{}}{5} = \frac{\boxed{}}{5}$$

3 계산 결과가 같은 것을 찾아 ◯표 하세요.

$3 \times \dfrac{2}{7}$	$2 \times \dfrac{4}{7}$
$\dfrac{4}{7} \times 3$	$\dfrac{2}{7} \times 3$

4 ☐ 안에 알맞은 수를 써넣으세요.

(1) $4 \times \dfrac{7}{10} = \dfrac{4 \times 7}{10} = \dfrac{28}{10}$

$$= \dfrac{\boxed{}}{\boxed{}} = \boxed{}\dfrac{\boxed{}}{\boxed{}}$$

(2) $6 \times \dfrac{5}{8} = \dfrac{\overset{}{\cancel{6} \times 5}}{\underset{}{8}} = \dfrac{\boxed{}}{\boxed{}} = \boxed{}\dfrac{\boxed{}}{\boxed{}}$

(3) $\overset{}{\cancel{12}} \times \dfrac{4}{9} = \dfrac{\boxed{}}{\boxed{}} = \boxed{}\dfrac{\boxed{}}{\boxed{}}$

5 계산해 보세요.

(1) $7 \times \dfrac{3}{4}$

(2) $20 \times \dfrac{4}{5}$

6 두 수의 곱을 구해 보세요.

12	$\dfrac{3}{14}$

(   )

(자연수) × (대분수)를 계산해요

 행복 로봇에는 연료를 2 L 넣었고, 기쁨 로봇에는

행복 로봇의 $1\frac{1}{5}$ 배만큼 연료를 넣었어요.

기쁨 로봇에 넣은 연료는 몇 L인지 알아볼까요?

 탐구

$2 \times 1\frac{1}{5}$ 을 계산해 볼까요?

 개념 동영상

방법 1 대분수를 자연수 부분과 진분수 부분으로 나누어 계산하기

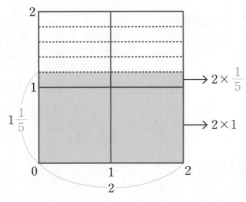

$\rightarrow 2 \times \frac{1}{5}$

$\rightarrow 2 \times 1$

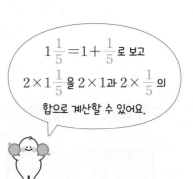

$1\frac{1}{5} = 1 + \frac{1}{5}$ 로 보고

$2 \times 1\frac{1}{5}$ 을 2×1 과 $2 \times \frac{1}{5}$ 의

합으로 계산할 수 있어요.

$$2 \times 1\frac{1}{5} = 2 \times 1 + 2 \times \frac{1}{5} = 2 + \frac{2}{5} = 2\frac{2}{5}$$

방법 2 대분수를 가분수로 바꾸어 계산하기

$$2 \times 1\frac{1}{5} = 2 \times \frac{6}{5} = \frac{2 \times 6}{5} = \frac{12}{5} = 2\frac{2}{5}$$

(자연수) × (대분수)는 대분수를 자연수 부분과 진분수 부분으로 나누어 계산하거나 대분수를 가분수로 바꾼 다음 분수의 분모는 그대로 두고, 자연수와 분수의 분자를 곱합니다.

 이미지로 개념 쏙

$3 \times \frac{2}{5} = \frac{3 \times 2}{5} = \frac{6}{5} = 1\frac{1}{5}$

$$3 \times 1\frac{2}{5} = 3 \times 1 + 3 \times \frac{2}{5} = 3 + 1\frac{1}{5} = 4\frac{1}{5}$$

$$3 \times 1\frac{2}{5} = 3 \times \frac{7}{5} = \frac{3 \times 7}{5} = \frac{21}{5} = 4\frac{1}{5}$$

1 그림을 보고 ☐ 안에 알맞은 수를 써넣으세요.

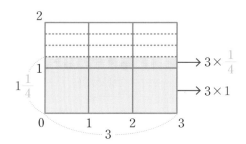

$$3 \times 1\frac{1}{4} = 3 \times 1 + 3 \times \frac{1}{4}$$

$$= 3 + \frac{\square}{4} = \square \frac{\square}{4}$$

2 계산 결과가 같은 것끼리 이어 보세요.

$3 \times 1\frac{1}{6}$ ·　　　　· $2\frac{3}{4} \times 5$

$5 \times 2\frac{3}{4}$ ·　　　　· $\frac{7}{6} \times 3$

Tip 곱하는 대분수를 자연수 부분과 진분수 부분으로 나누어 계산합니다.

3 ☐ 안에 알맞은 수를 써넣으세요.

$4 \times 2 = \square$

$4 \times \frac{3}{14} = \square$

$4 \times 2\frac{3}{14} = \square$

4 $3 \times 2\frac{1}{8}$ 을 두 가지 방법으로 계산하려고 합니다.

☐ 안에 알맞은 수를 써넣으세요.

(1) $3 \times 2\frac{1}{8} = 3 \times \square + 3 \times \dfrac{\square}{8}$

$= \square + \dfrac{\square}{8} = \square \dfrac{\square}{8}$

(2) $3 \times 2\frac{1}{8} = 3 \times \dfrac{\square}{8} = \dfrac{3 \times \square}{8}$

$= \dfrac{\square}{8} = \square \dfrac{\square}{8}$

5 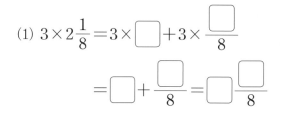 와 같은 방법으로 계산해 보세요.

보기

$$4 \times 1\frac{3}{8} = 4 \times \frac{11}{8} = \frac{\overset{1}{\cancel{4}} \times 11}{\underset{2}{\cancel{8}}} = \frac{11}{2} = 5\frac{1}{2}$$

$8 \times 1\dfrac{5}{12}$ _____

6 계산해 보세요.

(1) $5 \times 1\dfrac{1}{2}$

(2) $4 \times 2\dfrac{3}{10}$

2 단원

공부한 날

월

일

유형 1 (진분수)×(자연수), (대분수)×(자연수)

빈칸에 알맞은 수를 써넣으세요.

$3\frac{2}{9}$ ×4 ⬚

$\blacksquare\frac{\blacktriangle}{\bullet}$ 를 $\blacksquare + \frac{\blacktriangle}{\bullet}$ 로 생각하기

$\blacksquare\frac{\blacktriangle}{\bullet}\times\bigstar = \blacksquare\times\bigstar + \frac{\blacktriangle}{\bullet}\times\bigstar$

곱하는 수 ★을 $\blacksquare$와 $\frac{\blacktriangle}{\bullet}$에 각각 곱한 후 합 구하기

01 빈칸에 알맞은 수를 써넣으세요.

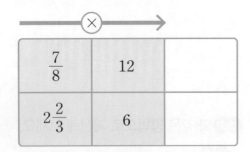

×		
$\frac{7}{8}$	12	
$2\frac{2}{3}$	6	

03 빈칸에 알맞은 수를 써넣으세요.

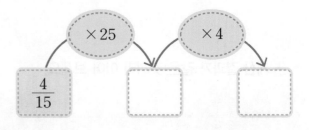

$\frac{4}{15}$ ×25 ⬚ ×4 ⬚

02 보기와 같은 방법으로 계산해 보세요.

보기

$$1\frac{3}{4}\times 10 = \frac{7}{4}\times 10 = \frac{7\times 10}{4}$$
$$= \frac{\overset{35}{\cancel{70}}}{\underset{2}{\cancel{4}}} = \frac{35}{2} = 17\frac{1}{2}$$

$$1\frac{8}{9}\times 3$$

04 계산 결과가 같은 것을 찾아 색칠해 보세요.

$1\frac{4}{5}\times 20$ $\frac{6}{7}\times 42$ $2\frac{3}{4}\times 12$

유형 2 (자연수)×(진분수), (자연수)×(대분수)

계산 결과를 찾아 이어 보세요.

$8 \times \dfrac{5}{6}$ ·   · $8\dfrac{2}{3}$

$6 \times 1\dfrac{4}{9}$ ·   · $6\dfrac{2}{3}$

$4 \times 1\dfrac{5}{12}$ ·   · $5\dfrac{2}{3}$

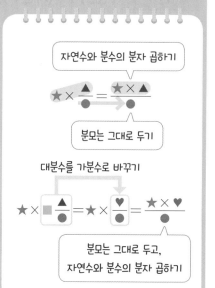

자연수와 분수의 분자 곱하기

$$\bigstar \times \dfrac{\blacktriangle}{\bullet} = \dfrac{\bigstar \times \blacktriangle}{\bullet}$$

분모는 그대로 두기

대분수를 가분수로 바꾸기

$$\bigstar \times \blacksquare\dfrac{\blacktriangle}{\bullet} = \bigstar \times \dfrac{\heartsuit}{\bullet} = \dfrac{\bigstar \times \heartsuit}{\bullet}$$

분모는 그대로 두고,
자연수와 분수의 분자 곱하기

2
단원

공부한 날

월

일

---

05 지희가 설명하는 수를 구해 보세요.

14의 $\dfrac{8}{21}$ 배인 수

지희

(   )

06 $6 \times 1\dfrac{5}{16}$ 를 두 가지 방법으로 계산해 보세요.

방법 1

방법 2

---

07 가장 큰 수와 가장 작은 수의 곱을 구해 보세요.

| $6\dfrac{3}{4}$ | 15 | $2\dfrac{1}{12}$ | 10 |

(   )

서술형

08 잘못 계산한 부분을 찾아 바르게 계산하고, 그 이유를 써 보세요.

$$\overset{4}{\cancel{8}} \times 2\dfrac{3}{\underset{5}{\cancel{10}}} = 4 \times 2\dfrac{3}{5} = 4 \times \dfrac{13}{5}$$

$$= \dfrac{52}{5} = 10\dfrac{2}{5}$$

바르게 계산하기

이유 _____

유형 3 (분수)×(자연수), (자연수)×(분수)의 계산 결과 크기 비교하기

계산 결과가 더 큰 것을 찾아 기호를 써 보세요.

$$\bigcirc \ \frac{9}{35} \times 14 \qquad \bigcirc \ 4 \times 1\frac{3}{10}$$

(   )

(진분수)×● = ▲
● ×(진분수) = ▲ ⎬ ● > ▲

➡ 자연수와 진분수를 곱하면 계산 결과는 자연수보다 작아집니다.

(대분수)×● = ■
● ×(대분수) = ■ ⎬ ● < ■

➡ 자연수와 대분수를 곱하면 계산 결과는 자연수보다 커집니다.

09 ○ 안에 >, =, <를 알맞게 써넣으세요.

$$2\frac{1}{4} \times 3 \ \bigcirc \ 4 \times 1\frac{6}{7}$$

10 계산 결과가 작은 것부터 차례로 기호를 써 보세요.

$$\bigcirc \ \frac{4}{5} \times 6 \qquad \bigcirc \ 4 \times \frac{2}{7} \qquad \bigcirc \ 1\frac{1}{3} \times 2$$

(   )

11 계산 결과가 큰 것부터 차례로 ○ 안에 1, 2, 3을 써넣으세요.

$$\frac{5}{12} \times 8 \qquad 6 \times 1\frac{5}{8} \qquad 2\frac{7}{12} \times 4$$

12 계산 결과가 3보다 큰 것에 ○표, 3보다 작은 것에 △표 하세요.

$$3 \times 1\frac{1}{2} \qquad 3 \times \frac{2}{5} \qquad 3 \times 1 \qquad 2\frac{1}{4} \times 3$$

➜ 바른답·알찬풀이 **14**쪽

유형 4 분수의 곱셈 활용 (1) − (분수)×(자연수), (자연수)×(분수)의 활용

선호는 리본 8 m의 $\dfrac{2}{5}$를 사용하여 선물을 포장했습니다. 선물을 포장하는 데 사용한 리본은 몇 m인가요?

식 _____

답 _____ m

■의 ▲
■의 ▲배
■씩 ▲개

■ × ▲

2
단원

공부한 날

월

일

---

13 한 변이 $2\dfrac{7}{10}$ cm인 정사각형의 둘레는 몇 cm인가요?

식 _____

답 _____ cm

---

14 어느 박물관의 초등학생 입장료입니다. 단체로 갈 경우 초등학생 1명이 내야 하는 입장료는 얼마인가요?

초등학생 입장료

개인	3000원
단체(10인 이상)	개인 입장료의 $\dfrac{5}{6}$

(   )원

---

15 동규는 5 km 떨어진 할머니 댁에 갔습니다. 전체 거리의 $\dfrac{5}{7}$는 버스를 타고 가고, 나머지는 걸어갔습니다. 걸어간 거리는 몇 km인가요?

(   ) km

서술형

16 $\dfrac{2}{3} \times 5$를 이용하여 풀 수 있는 문제를 만들고 풀이 과정을 쓰고, 답을 구해 보세요.

문제

풀이 _____

_____

답 _____

(진분수) × (진분수)를 계산해요

꽃밭 전체의 $\frac{5}{7}$ 중에서 $\frac{2}{3}$에 나팔꽃을 심었어요.

나팔꽃을 심은 곳은 꽃밭 전체의 얼마인지 알아볼까요?

$\frac{5}{7} \times \frac{2}{3}$를 계산해 볼까요?

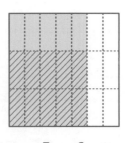

$$\frac{5}{7} \qquad \frac{5}{7} \times \frac{2}{3}$$

빗금 친 부분은 전체를 7등분한 것 중의 5만큼인 $\frac{5}{7}$를 나타낸 그림에서 다시 각각을 3등분한 것 중의 2만큼이에요.

$\frac{5}{7} \times \frac{2}{3}$는 전체를 $7 \times 3 = 21$(칸)으로 나눈 것 중의 $5 \times 2 = 10$(칸)이므로

전체의 $\dfrac{5 \times 2}{7 \times 3} = \dfrac{10}{21}$ 입니다.

➡ $\dfrac{5}{7} \times \dfrac{2}{3} = \dfrac{5 \times 2}{7 \times 3} = \dfrac{10}{21}$

> (진분수) × (진분수)는 분모는 분모끼리 곱하고, 분자는 분자끼리 곱합니다.

 약분은 계산 과정 중에서 언제 하더라도 계산 결과가 같습니다.

$$\frac{3}{4} \times \frac{8}{9} = \frac{3 \times 8}{4 \times 9} = \frac{\overset{2}{\cancel{24}}}{\underset{3}{\cancel{36}}} = \frac{2}{3} \qquad \frac{3}{4} \times \frac{8}{9} = \frac{3 \times \overset{2}{\cancel{8}}}{\underset{1}{\cancel{4}} \times \underset{3}{\cancel{9}}} = \frac{2}{3} \qquad \frac{\overset{1}{\cancel{3}}}{\underset{1}{\cancel{4}}} \times \frac{\overset{2}{\cancel{8}}}{\underset{3}{\cancel{9}}} = \frac{1 \times 2}{1 \times 3} = \frac{2}{3}$$

$$\frac{1}{2} \times \frac{1}{3} = \frac{1}{2 \times 3} = \frac{1}{6}$$

$$\frac{2}{3} \times \frac{5}{8} = \frac{2 \times 5}{3 \times 8} = \frac{5}{12}$$

1 그림을 보고 ☐ 안에 알맞은 수를 써넣으세요.

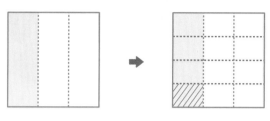

$$\frac{1}{3} \times \frac{1}{4} = \frac{1}{\boxed{} \times \boxed{}} = \frac{1}{\boxed{}}$$

2 그림을 보고 ☐ 안에 알맞은 수를 써넣으세요.

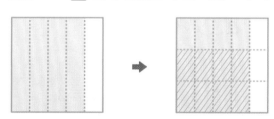

$\dfrac{4}{5} \times \dfrac{2}{3}$ 는 전체를 $5 \times 3 = \boxed{}$ (칸)으로 나눈 것 중의 $4 \times 2 = \boxed{}$ (칸)이므로 전체의 $\dfrac{\boxed{}}{\boxed{}}$ 입니다.

➜ $\dfrac{4}{5} \times \dfrac{2}{3} = \dfrac{\boxed{} \times 2}{5 \times \boxed{}} = \dfrac{\boxed{}}{\boxed{}}$

3 ☐ 안에 알맞은 수를 써넣으세요.

$$\frac{5}{6} \times \frac{1}{10} = \frac{\overset{1}{5} \times \boxed{}}{\boxed{} \times \underset{2}{10}} = \frac{\boxed{}}{\boxed{}}$$

4 $\dfrac{3}{10} \times \dfrac{5}{9}$ 를 계산하려고 합니다. ☐ 안에 알맞은 수를 써넣으세요.

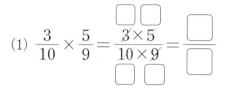

(1) $\dfrac{3}{10} \times \dfrac{5}{9} = \dfrac{3 \times 5}{10 \times 9} = \dfrac{\boxed{}}{\boxed{}}$

(2) $\dfrac{\overset{\boxed{}}{3}}{\underset{\boxed{}}{10}} \times \dfrac{\overset{\boxed{}}{5}}{\underset{\boxed{}}{9}} = \dfrac{\boxed{}}{\boxed{}}$

5 계산해 보세요.

(1) $\dfrac{1}{8} \times \dfrac{1}{5}$

(2) $\dfrac{3}{5} \times \dfrac{7}{12}$

6 계산 결과가 다른 것을 찾아 ◯표 하세요.

$\dfrac{1}{4} \times \dfrac{1}{12}$	$\dfrac{1}{7} \times \dfrac{1}{8}$	$\dfrac{1}{16} \times \dfrac{1}{3}$
( )	( )	( )

6 (대분수) × (대분수)를 계산해요

가로가 $2\frac{2}{5}$ m이고, 세로가 $1\frac{1}{3}$ m인 직사각형 모양의
평상이 있어요. 평상의 넓이는 몇 m^2인지 알아볼까요?

$2\frac{2}{5} \times 1\frac{1}{3}$을 계산해 볼까요?

개념 동영상

방법 1 대분수를 자연수 부분과 진분수 부분으로 나누어 계산하기

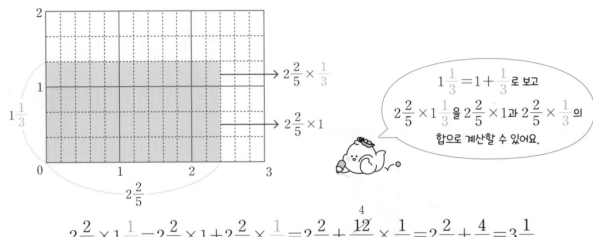

$\rightarrow 2\frac{2}{5} \times \frac{1}{3}$

$\rightarrow 2\frac{2}{5} \times 1$

$1\frac{1}{3} = 1 + \frac{1}{3}$ 로 보고
$2\frac{2}{5} \times 1\frac{1}{3}$을 $2\frac{2}{5} \times 1$과 $2\frac{2}{5} \times \frac{1}{3}$의
합으로 계산할 수 있어요.

$$2\frac{2}{5} \times 1\frac{1}{3} = 2\frac{2}{5} \times 1 + 2\frac{2}{5} \times \frac{1}{3} = 2\frac{2}{5} + \frac{\overset{4}{\cancel{12}}}{5} \times \frac{1}{\underset{1}{\cancel{3}}} = 2\frac{2}{5} + \frac{4}{5} = 3\frac{1}{5}$$

참고 $2\frac{2}{5} = 2 + \frac{2}{5}$로 보고 $2\frac{2}{5} \times 1\frac{1}{3}$을 $2 \times 1\frac{1}{3}$과 $\frac{2}{5} \times 1\frac{1}{3}$의 합으로 계산해도 계산 결과는 같습니다.

$$2\frac{2}{5} \times 1\frac{1}{3} = 2 \times 1\frac{1}{3} + \frac{2}{5} \times 1\frac{1}{3} = 2 \times \frac{4}{3} + \frac{2}{5} \times \frac{4}{3} = \frac{8}{3} + \frac{8}{15} = \frac{40}{15} + \frac{8}{15} = \frac{\overset{16}{\cancel{48}}}{\underset{5}{\cancel{15}}} = \frac{16}{5} = 3\frac{1}{5}$$

방법 2 대분수를 가분수로 바꾸어 계산하기

$$2\frac{2}{5} \times 1\frac{1}{3} = \frac{12}{5} \times \frac{4}{3} = \frac{\overset{4}{\cancel{12}} \times 4}{5 \times \underset{1}{\cancel{3}}} = \frac{16}{5} = 3\frac{1}{5}$$

(대분수) × (대분수)는 대분수를 자연수 부분과 진분수 부분으로 나누어 계산하거나 대분수를 모두 가분수로 바꾼 다음 분모는 분모끼리 곱하고, 분자는 분자끼리 곱합니다.

이미지로 개념 콕

작아집니다.

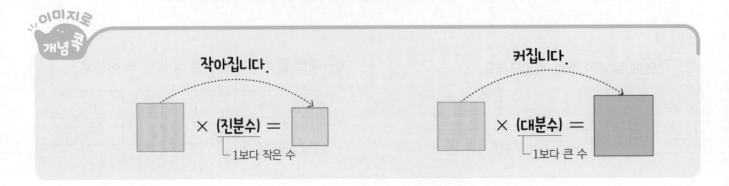

× (진분수) =
└1보다 작은 수

커집니다.

× (대분수) =
└1보다 큰 수

1 그림을 보고 ☐ 안에 알맞은 수를 써넣으세요.

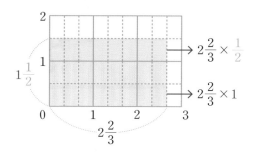

$$2\frac{2}{3} \times 1\frac{1}{2} = 2\frac{2}{3} \times 1 + 2\frac{2}{3} \times \frac{1}{2}$$

$$= 2\frac{2}{3} + \frac{\boxed{}}{3} \times \frac{1}{2}$$

$$= 2\frac{2}{3} + \frac{\boxed{}}{3} = \boxed{}$$

2 ☐ 안에 알맞은 수를 써넣으세요.

$$2\frac{1}{4} \times 1\frac{2}{7} = \frac{\boxed{}}{4} \times \frac{\boxed{}}{7} = \frac{\boxed{} \times \boxed{}}{4 \times 7}$$

$$= \frac{\boxed{}}{\boxed{}} = \boxed{}\frac{\boxed{}}{\boxed{}}$$

3 ☐ 안에 알맞은 수를 써넣으세요.

$$2\frac{1}{3} \times 1\frac{2}{5} = 2\frac{1}{3} \times \boxed{} + 2\frac{1}{3} \times \frac{\boxed{}}{5}$$

$$= \boxed{}\frac{\boxed{}}{3} + \frac{\boxed{}}{3} \times \frac{\boxed{}}{5}$$

$$= \boxed{}\frac{\boxed{}}{15} + \frac{\boxed{}}{15} = \boxed{}\frac{\boxed{}}{15}$$

Tip 곱하는 대분수를 자연수 부분과 진분수 부분으로 나누어 계산합니다.

4 ☐ 안에 알맞은 수를 써넣으세요.

$$2\frac{1}{7} \times 1 = \boxed{}$$

$$2\frac{1}{7} \times \frac{2}{5} = \boxed{}$$

$$2\frac{1}{7} \times 1\frac{2}{5} = \boxed{}$$

5 대분수를 가분수로 바꾸어 계산해 보세요.

$$2\frac{5}{8} \times 2\frac{4}{5} \underline{\hspace{6cm}}$$

6 계산해 보세요.

(1) $1\frac{3}{5} \times 3\frac{1}{8}$

(2) $2\frac{5}{6} \times 4\frac{2}{7}$

2

단원

공부한 날

월

일

7 세 분수의 곱셈을 해요

마법사가 옷감의 $\frac{3}{4}$ 중에서 $\frac{1}{2}$ 을 자르고, 그중 $\frac{2}{9}$ 를 사용하여

망토를 만들었어요.

사용한 옷감은 전체의 얼마인지 알아볼까요?

탐구 $\frac{3}{4} \times \frac{1}{2} \times \frac{2}{9}$ 를 계산해 볼까요?

개념 동영상

방법 1 앞에서부터 차례로 계산하기

$$\frac{3}{4} \times \frac{1}{2} \times \frac{2}{9} = \left(\frac{3}{4} \times \frac{1}{2}\right) \times \frac{2}{9} = \frac{\overset{1}{\cancel{3}}}{8} \times \frac{\overset{1}{\cancel{2}}}{\underset{3}{\cancel{9}}} = \frac{1}{12}$$

방법 2 뒤의 두 수를 먼저 계산하기

$$\frac{3}{4} \times \frac{1}{2} \times \frac{2}{9} = \frac{3}{4} \times \left(\frac{1}{2} \times \frac{\overset{1}{\cancel{2}}}{9}\right) = \frac{\overset{1}{\cancel{3}}}{4} \times \frac{1}{\underset{3}{\cancel{9}}} = \frac{1}{12}$$

계산 결과는
모두 같아요.

방법 3 세 분수를 한번에 곱하기

$$\frac{3}{4} \times \frac{1}{2} \times \frac{2}{9} = \frac{\overset{1}{\cancel{3}} \times 1 \times \overset{1}{\cancel{2}}}{\underset{2}{\cancel{4}} \times 2 \times \underset{3}{\cancel{9}}} = \frac{1}{12}$$

🔍 **자연수를 분수로 나타내어 계산하기**

5를 분모가 1인 분수로 나타내면 $\frac{5}{1}$ 입니다.

➡ $5 \times \frac{7}{8} \times \frac{1}{3} = \frac{5}{1} \times \frac{7}{8} \times \frac{1}{3} = \frac{5 \times 7 \times 1}{1 \times 8 \times 3} = \frac{35}{24} = 1\frac{11}{24}$

대분수를 가분수로 바꾸지 않고
진분수 부분을 약분하지 않도록
주의합니다.

$$\frac{2}{7} \times 1\frac{2}{5} \times \frac{3}{\underset{2}{\cancel{4}}}$$ ❌

$$\frac{2}{7} \times 1\frac{2}{5} \times \frac{3}{4} = \frac{\overset{1}{\cancel{2}}}{\underset{1}{\cancel{7}}} \times \frac{\overset{1}{\cancel{7}}}{5} \times \frac{3}{\underset{2}{\cancel{4}}} = \frac{3}{10}$$

1 $\dfrac{4}{5} \times \dfrac{2}{3} \times \dfrac{5}{6}$ 를 계산하려고 합니다. ☐ 안에 알맞은 수를 써넣으세요.

(1) $\dfrac{4}{5} \times \dfrac{2}{3} \times \dfrac{5}{6} = \left(\dfrac{4}{5} \times \dfrac{2}{3}\right) \times \dfrac{5}{6}$

$= \dfrac{8}{15} \times \dfrac{5}{6} = \dfrac{\square}{\square}$

(윗부분: $\dfrac{\square\ \square}{}$)

(2) $\dfrac{4}{5} \times \dfrac{2}{3} \times \dfrac{5}{6} = \dfrac{4}{5} \times \left(\dfrac{2}{3} \times \dfrac{5}{6}\right)$

$= \dfrac{4}{5} \times \dfrac{\overset{\square}{5}}{\square} = \dfrac{\square}{\square}$

(3) $\dfrac{4}{5} \times \dfrac{2}{3} \times \dfrac{5}{6} = \dfrac{4 \times 2 \times 5}{5 \times 3 \times 6} = \dfrac{\square}{\square}$

2 ☐ 안에 알맞은 수를 써넣으세요.

(1) $\dfrac{3}{5} \times \dfrac{1}{4} \times \dfrac{1}{2} = \dfrac{3 \times 1 \times \square}{\square \times \square \times \square}$

$= \dfrac{\square}{\square}$

(2) $\dfrac{7}{9} \times 4 \times \dfrac{6}{7} = \dfrac{\overset{1}{7}}{9} \times \dfrac{\square}{1} \times \dfrac{\overset{\square}{6}}{\underset{1}{7}}$

$= \dfrac{\square}{\square} = \square$

3 바르게 계산한 것을 찾아 기호를 써 보세요.

> ㉠ $\dfrac{2}{7} \times 3 \times \dfrac{4}{5} = \dfrac{2 \times 1 \times 4}{7 \times 3 \times 5} = \dfrac{8}{105}$
>
> ㉡ $\dfrac{2}{7} \times 3 \times \dfrac{4}{5} = \dfrac{2 \times 3 \times 4}{7 \times 1 \times 5} = \dfrac{24}{35}$

(   )

4 계산해 보세요.

(1) $\dfrac{7}{8} \times \dfrac{3}{5} \times \dfrac{5}{9}$

(2) $1\dfrac{2}{5} \times \dfrac{9}{10} \times \dfrac{6}{7}$

5 세 수의 곱을 구해 보세요.

> $6 \qquad 2\dfrac{1}{3} \qquad \dfrac{9}{20}$

(   )

유형 1 (진분수) × (진분수)

빈칸에 알맞은 수를 써넣으세요.

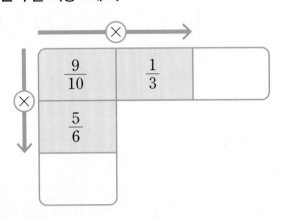

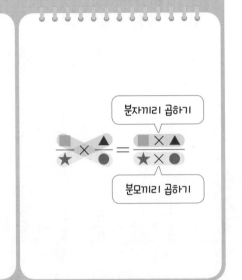

분자끼리 곱하기

$$\frac{\blacksquare}{\bigstar} \times \frac{\blacktriangle}{\bullet} = \frac{\blacksquare \times \blacktriangle}{\bigstar \times \bullet}$$

분모끼리 곱하기

01 ○ 안에 >, =, <를 알맞게 써넣으세요.

(1) $\frac{1}{3} \times \frac{1}{4}$ ○ $\frac{1}{3}$

(2) $\frac{2}{5} \times \frac{3}{8}$ ○ $\frac{3}{8} \times \frac{2}{5}$

03 두 계산 결과의 곱을 구해 보세요.

$\frac{2}{3} \times \frac{9}{14}$ $\frac{7}{12} \times \frac{3}{4}$

(   )

02 계산 결과가 다른 것을 찾아 ○표 하세요.

$\frac{3}{7} \times \frac{7}{9}$ $\frac{8}{15} \times \frac{3}{8}$ $\frac{5}{12} \times \frac{4}{5}$

(   )   (   )   (   )

04 ㉠과 ㉡에 알맞은 수를 각각 구해 보세요.

$\frac{1}{6} \times \frac{1}{㉠} = \frac{1}{18}$ $\frac{1}{㉡} \times \frac{1}{8} = \frac{1}{32}$

㉠ (   )

㉡ (   )

유형 2 (대분수) × (대분수)

빈칸에 알맞은 수를 써넣으세요.

×	$2\frac{1}{4}$	$1\frac{4}{11}$
$2\frac{4}{9}$		

$$\odot\frac{\blacktriangle}{\blacksquare} \times \square\frac{\clubsuit}{\bullet}$$ 대분수를 가분수로 바꾸기

$$= \frac{\bigstar}{\blacksquare} \times \frac{\heartsuit}{\bullet}$$

$$= \frac{\bigstar \times \heartsuit}{\blacksquare \times \bullet}$$ 분자끼리 곱하기
분모끼리 곱하기

05 잘못 계산한 부분을 찾아 ○표 하고, 바르게 계산해 보세요.

$$1\frac{\overset{1}{\cancel{2}}}{7} \times 2\frac{1}{\underset{5}{\cancel{10}}} = 1\frac{1}{7} \times 2\frac{1}{5} = \frac{8}{7} \times \frac{11}{5}$$

$$= \frac{88}{35} = 2\frac{18}{35}$$

바르게 계산하기

$$1\frac{2}{7} \times 2\frac{1}{10}$$

06 계산 결과가 자연수인 것을 찾아 색칠해 보세요.

$1\frac{1}{5} \times 2\frac{1}{6}$	$1\frac{5}{21} \times 2\frac{4}{13}$	$2\frac{1}{6} \times 3\frac{3}{13}$

07 $2\frac{1}{3} \times 2\frac{4}{7}$ 를 두 가지 방법으로 계산해 보세요.

방법 1

방법 2

 서술형

08 계산 결과가 더 작은 것은 어느 것인지 풀이 과정을 쓰고, 기호를 써 보세요.

㉠ $3\frac{3}{7} \times 2\frac{1}{2}$	㉡ $4\frac{1}{5} \times 1\frac{2}{3}$

풀이 _____

_____

_____

답 _____

유형 3   세 분수의 곱셈

계산 결과의 차를 구해 보세요.

$$\frac{1}{2} \times \frac{4}{11} \times \frac{1}{3} \qquad \frac{5}{27} \times \frac{9}{22} \times 2$$

(   )

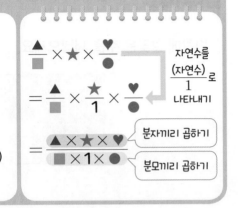

$\dfrac{\triangle}{\blacksquare} \times \bigstar \times \dfrac{\heartsuit}{\bullet}$ 자연수를 $\dfrac{(\text{자연수})}{1}$ 로 나타내기

$= \dfrac{\triangle}{\blacksquare} \times \dfrac{\bigstar}{1} \times \dfrac{\heartsuit}{\bullet}$

$= \dfrac{\triangle \times \bigstar \times \heartsuit}{\blacksquare \times 1 \times \bullet}$ 분자끼리 곱하기 / 분모끼리 곱하기

09 계산 결과를 찾아 이어 보세요.

$\dfrac{6}{7} \times 1\dfrac{2}{3} \times \dfrac{4}{15}$ •

$2\dfrac{1}{2} \times \dfrac{7}{20} \times \dfrac{1}{3}$ •

• $\dfrac{8}{21}$

• $\dfrac{7}{24}$

• $\dfrac{5}{28}$

Tip 단위분수는 분자가 1인 분수입니다.

10 계산 결과를 단위분수로 나타낼 수 있는 것을 찾아 기호를 써 보세요.

$$\boxed{\ \ㄱ\ \dfrac{6}{7} \times \dfrac{8}{9} \times \dfrac{9}{40} \qquad ㄴ\ \dfrac{4}{15} \times \dfrac{5}{8} \times 2\ \ }$$

(   )

11 ○ 안에 >, =, <를 알맞게 써넣으세요.

$$\dfrac{7}{10} \times 4 \times \dfrac{4}{7} \bigcirc \dfrac{8}{9} \times 1\dfrac{1}{3} \times 1\dfrac{7}{8}$$

12 ㉮와 ㉯의 계산 결과의 곱을 구해 보세요.

$$\boxed{\ ㉮\ \dfrac{2}{5} \times 3 \times 1\dfrac{1}{3} \qquad ㉯\ 3\dfrac{1}{2} \times 1\dfrac{5}{7} \times \dfrac{3}{8}\ }$$

(   )

유형 4 분수의 곱셈 활용 (2) – (분수)×(분수), 세 분수의 곱셈의 활용

고양이의 무게는 $4\frac{4}{5}$ kg이고, 강아지의 무게는 고양이 무게의 $1\frac{3}{8}$ 배입니다. 강아지의 무게는 몇 kg인가요?

식 _____

답 _____ kg

① 구하려는 것 찾기

② 주어진 조건 찾기

③ 식 세우기

④ 답 구하기

2 단원

공부한 날

월

일

---

13 길이가 $\frac{6}{7}$ m인 색 테이프를 8등분하여 잘랐습니다. 자른 색 테이프 한 조각의 길이는 몇 m인가요?

식 _____

답 _____ m

서술형

14 다음 도형에서 색칠한 부분의 넓이는 몇 m^2 인지 풀이 과정을 쓰고, 답을 구해 보세요.

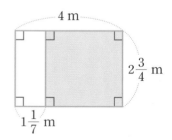

풀이 _____

_____

_____

답 _____ m^2

15 우유 $6\frac{1}{4}$ L의 $\frac{3}{5}$ 으로 빵을 만들었습니다. 빵을 만드는 데 사용한 우유의 $\frac{2}{9}$ 로 식빵을 만들었다면 식빵을 만드는 데 사용한 우유는 몇 L 인가요?

(_____) L

16 보기의 낱말과 분수를 모두 이용하여 분수의 곱셈 문제를 만들고 해결해 보세요.

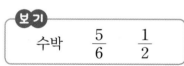

보기

| 수박 | $\frac{5}{6}$ | $\frac{1}{2}$ |

문제 _____

_____

식 _____

답 _____

응용유형 1 □ 안에 알맞은 수 구하기

□ 안에 들어갈 수 있는 자연수를 모두 구해 보세요.

$$\frac{8}{35} \times 21 > \square$$

(1) $\frac{8}{35} \times 21$을 계산해 보세요.

(   )

(2) □ 안에 들어갈 수 있는 자연수를 모두 구해 보세요.

(   )

1-1 유사

□ 안에 들어갈 수 있는 자연수는 모두 몇 개인가요?

$$1\frac{1}{5} \times 2\frac{7}{9} > \square\frac{2}{3}$$

(   )개

1-2 변형

□ 안에 들어갈 수 있는 가장 작은 자연수를 구해 보세요.

$$\frac{1}{9} \times \frac{1}{\square} < \frac{1}{48}$$

(   )

→ 바른답·알찬풀이 **19**쪽

응용유형 2 수 카드로 분수의 곱셈식 만들어 계산하기

3장의 수 카드를 한 번씩만 사용하여 대분수를 만들려고 합니다. 만들 수 있는 가장 큰 대분수와 가장 작은 대분수의 곱을 구해 보세요.

2   5   7

(1) 만들 수 있는 가장 큰 대분수와 가장 작은 대분수를 각각 구해 보세요.

가장 큰 대분수 (   )

가장 작은 대분수 (   )

(2) 만들 수 있는 가장 큰 대분수와 가장 작은 대분수의 곱을 구해 보세요.

(   )

유사

2-1 다음 수 카드 중에서 2장을 사용하여 분수의 곱셈식을 만들려고 합니다. 계산 결과가 가장 큰 곱셈식을 만들고 계산해 보세요.

5   4   8   3   6 $\dfrac{1}{\square} \times \dfrac{1}{\square}$

(   )

변형

2-2 수 카드를 한 번씩만 사용하여 3개의 진분수를 만들어 분수의 곱셈식을 만들려고 합니다. 계산 결과가 가장 작을 때 계산한 값을 구해 보세요. (단, 진분수의 분모, 분자에는 각각 수 카드를 한 장씩만 사용합니다.)

4   5   6   7   8   9

(   )

응용유형 3 어떤 수를 구하여 문제 해결하기

어떤 수에 6을 곱해야 할 것을 잘못하여 나누었더니 $\frac{3}{20}$이 되었습니다. 바르게 계산한 값은 얼마인지 구해 보세요.

(1) 어떤 수를 구해 보세요.

(   )

(2) 바르게 계산한 값은 얼마인지 구해 보세요.

(   )

3-1 (유사)

어떤 수에 $2\frac{2}{3}$를 곱해야 할 것을 잘못하여 더했더니 $4\frac{23}{24}$이 되었습니다. 바르게 계산한 값은 얼마인지 구해 보세요.

(   )

3-2 (변형)

어떤 수는 72의 $\frac{7}{12}$입니다. 어떤 수의 $1\frac{1}{9}$은 얼마인지 구해 보세요.

(   )

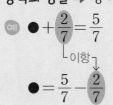
중1 미리보기

등식의 성질 ➡ 등식의 한 변에 있는 항을 부호를 바꾸어 다른 변으로 옮길 수 있습니다.

등식의 어느 한 변에 있는 항을 부호를 바꾸어 다른 변으로 옮기는 것을 이항이라고 해요.

예) $● + \frac{2}{7} = \frac{5}{7}$

$\lfloor$이항$\rfloor$

$● = \frac{5}{7} - \frac{2}{7}$

$● = \square$

답 $\frac{3}{7}$

→ 바른답·알찬풀이 **19**쪽

응용유형 4 **남은 양 구하기**

문제해결 추론

민정이는 어제 책 전체의 $\frac{1}{4}$을 읽었습니다. 오늘은 어제 읽고 난 나머지의 $\frac{2}{3}$를 읽었습니다. 책 한 권이 160쪽일 때, 민정이가 어제와 오늘 읽고 난 나머지는 몇 쪽인지 구해 보세요.

(1) 민정이가 어제와 오늘 읽은 책은 전체의 얼마인지 구해 보세요.

(   )

(2) 민정이가 어제와 오늘 읽고 난 나머지는 몇 쪽인지 구해 보세요.

(   )쪽

유사

4-1

동원이는 색종이 96장을 가지고 있었습니다. 가지고 있던 색종이의 $\frac{1}{2}$을 동생에게 주고, 나머지의 $\frac{2}{3}$를 친구에게 주었습니다. 동생과 친구에게 주고 남은 색종이는 몇 장인지 구해 보세요.

(   )장

변형

4-2

서울에서 전주까지의 거리는 225 km입니다. 고속버스가 서울을 출발하여 한 시간에 80 km의 일정한 빠르기로 1시간 45분 동안 이동했다면 전주까지 남은 거리는 몇 km인지 구해 보세요.

(   ) km

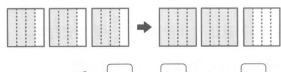
2. 분수의 곱셈

한 문항당 배점은 5점입니다.

점수

점

01 그림을 보고 □ 안에 알맞은 수를 써넣으세요.

$$\frac{3}{4} \times 3 = \frac{3 \times \boxed{}}{4} = \frac{\boxed{}}{4} = \boxed{} \frac{\boxed{}}{4}$$

[02~03] □ 안에 알맞은 수를 써넣으세요.

02 $\dfrac{8}{9} \times \dfrac{15}{28} = \dfrac{8 \times 15}{9 \times 28} = \dfrac{\boxed{}}{\boxed{}}$

03 $1\dfrac{3}{4} \times 2\dfrac{1}{6} = \dfrac{\boxed{}}{4} \times \dfrac{\boxed{}}{6}$

$= \dfrac{\boxed{} \times \boxed{}}{4 \times 6}$

$= \dfrac{\boxed{}}{\boxed{}} = \boxed{} \dfrac{\boxed{}}{\boxed{}}$

04 빈칸에 두 수의 곱을 써넣으세요.

18	$1\dfrac{3}{8}$

05 보기 와 같은 방법으로 계산해 보세요.

보기

$$6 \times 2\frac{3}{4} = \overset{3}{6} \times \frac{11}{\underset{2}{4}} = \frac{33}{2} = 16\frac{1}{2}$$

$15 \times 1\dfrac{5}{9}$ _____

06 빈칸에 알맞은 수를 써넣으세요.

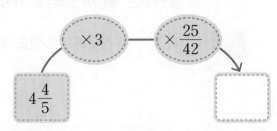

$\times 3$　$\times \dfrac{25}{42}$

$4\dfrac{4}{5}$

07 가장 큰 수와 가장 작은 수의 곱을 구해 보세요.

$6\dfrac{1}{3}$	14	$8\dfrac{5}{7}$	$\dfrac{7}{10}$

(　　　　　　)

중요
08 ○ 안에 >, =, <를 알맞게 써넣으세요.

$$\frac{11}{15} \times 20 \bigcirc 3\frac{6}{7} \times 4\frac{4}{9}$$

09 한 명이 피자 한 판의 $\frac{3}{7}$씩 먹으려고 합니다. 28명이 먹으려면 피자는 모두 몇 판이 필요한가요?

( )판

10 한 변이 $2\frac{1}{3}$ cm인 정사각형의 넓이는 몇 cm²인가요?

식

답 _____ cm²

11 두 계산 결과의 차를 구해 보세요.

$$20 \times \frac{5}{6}$$ $$1\frac{5}{8} \times 16$$

( )

응용

12 ㉠과 ㉡에 알맞은 수를 각각 구해 보세요.

$$\frac{1}{㉠} \times \frac{1}{5} = \frac{1}{45}$$ $$\frac{1}{7} \times \frac{1}{㉡} = \frac{1}{49}$$

㉠ ( )
㉡ ( )

13 계산 결과가 가장 큰 것을 찾아 기호를 써 보세요.

㉠ $7 \times \frac{8}{11}$ ㉡ $\frac{9}{10} \times \frac{6}{7}$
㉢ $3\frac{1}{3} \times 2\frac{2}{5}$ ㉣ $1\frac{1}{9} \times 6\frac{3}{4}$

( )

중요
14 승우는 길이가 $\frac{14}{15}$ m인 리본을 가지고 있습니다. 그중의 $\frac{5}{8}$를 사용하여 선물을 포장했습니다. 승우가 선물을 포장하는 데 사용한 리본의 길이는 몇 m인가요?

( ) m

15 어느 놀이공원의 어린이 한 명의 입장료는 9000원입니다. 할인 기간에는 입장료의 $\frac{2}{3}$만큼만 내면 된다고 합니다. 할인 기간에 어린이 2명의 입장료는 얼마인가요?

( )원

2 단원

공부한 날

월

일

중요

16 민수는 하루 24시간 중에서 $\frac{1}{3}$ 은 학교에서 생활하고, 그중에서 $\frac{3}{4}$ 은 공부를 합니다. 민수가 하루에 학교에서 공부하는 시간은 몇 시간인가요?

(   )시간

17 3장의 수 카드를 한 번씩만 사용하여 대분수를 만들려고 합니다. 만들 수 있는 가장 큰 대분수와 가장 작은 대분수의 곱을 구해 보세요.

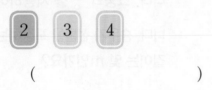

(   )

응용

18 ☐ 안에 들어갈 수 있는 가장 큰 자연수를 구해 보세요.

$$\frac{7}{8} \times \frac{5}{6} > \frac{\square}{16}$$

(   )

서술형 문제

19 잘못 계산한 부분을 찾아 바르게 계산하고, 그 이유를 써 보세요.

$$6\frac{3}{5} \times 3 = \frac{33}{5} \times 3 = \frac{33}{5 \times 3}$$
$$= \frac{\overset{11}{\cancel{33}}}{\underset{5}{\cancel{15}}} = \frac{11}{5} = 2\frac{1}{5}$$

바르게 계산하기

이유

20 어떤 수에 $1\frac{2}{3}$ 를 곱해야 할 것을 잘못하여 뺐더니 $\frac{7}{12}$ 이 되었습니다. 바르게 계산한 값은 얼마인지 풀이 과정을 쓰고, 답을 구해 보세요.

풀이

답

[01~02] ☐ 안에 알맞은 수를 써넣으세요.

01 $4\dfrac{2}{7} \times 3 = 4 \times \boxed{} + \dfrac{2}{7} \times \boxed{}$

$\qquad = \boxed{} + \dfrac{\boxed{}}{7} = \boxed{}\dfrac{\boxed{}}{7}$

02 $\dfrac{7}{12} \times \dfrac{3}{8} = \dfrac{\boxed{} \times \cancel{3}}{\cancel{12} \times \boxed{}_{\boxed{}}} = \dfrac{\boxed{}}{\boxed{}}$

03 빈칸에 알맞은 수를 써넣으세요.

$$\boxed{21} \quad \boxed{\times \dfrac{5}{9}} \quad \boxed{}$$

04 ☐ 안에 알맞은 수를 써넣으세요.

$3\dfrac{3}{5} \times 1 = \boxed{}$

$3\dfrac{3}{5} \times \dfrac{4}{9} = \boxed{}$

$3\dfrac{3}{5} \times 1\dfrac{4}{9} = \boxed{}$

중요
05 빈칸에 알맞은 수를 써넣으세요.

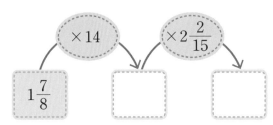

06 계산 결과가 4보다 큰 것을 찾아 ◯표 하세요.

$$4 \times \dfrac{2}{5} \qquad 4 \times 1\dfrac{1}{9} \qquad 4 \times \dfrac{10}{11}$$

07 세 수의 곱을 구해 보세요.

$$\dfrac{5}{21} \qquad 10 \qquad 2\dfrac{1}{4}$$

( )

08 잘못 계산한 친구의 이름을 쓰고, 바르게 계산한 값을 구해 보세요.

재석: $24 \times 1\dfrac{5}{9} = 37\dfrac{1}{3}$

영호: $30 \times 1\dfrac{5}{12} = 43\dfrac{1}{2}$

(,)

2
단원

공부한 날

월

일

중요

09 $2\frac{2}{9} \times 3\frac{3}{4}$ 을 두 가지 방법으로 계산해 보세요.

방법 1

방법 2

10 한 변이 $\frac{8}{15}$ m인 정삼각형의 둘레는 몇 m 인가요?

(   ) m

11 카레를 만드는 데 돼지고기 $\frac{4}{5}$ kg의 $\frac{1}{3}$ 을 사용하였습니다. 카레를 만드는 데 사용한 돼지고기는 몇 kg인가요?

식 _____

답 _____ kg

12 길이가 48 m인 색 테이프를 10등분했습니다. ㉠의 길이는 몇 m인가요?

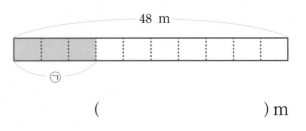

(   ) m

13 두 수 중에서 더 작은 수의 기호를 써 보세요.

㉠ 144의 $\frac{7}{12}$ 배인 수

㉡ $3\frac{1}{6}$ 의 20배인 수

(   )

14 어떤 수는 8의 $\frac{2}{3}$ 입니다. 어떤 수의 $2\frac{1}{10}$ 은 얼마인지 구해 보세요.

(   )

응용

15 □ 안에 들어갈 수 있는 가장 큰 자연수를 구해 보세요.

$$7\frac{1}{2} \times \frac{3}{5} \times 1\frac{1}{6} > \square\frac{3}{4}$$

(   )

중요

16 은성이네 집 마당 전체의 $\frac{3}{5}$은 텃밭이고 이 중에서 $\frac{7}{9}$에는 채소가 심어져 있습니다. 채소가 심어진 부분의 $\frac{5}{8}$가 양파라면 양파가 심어진 부분은 마당 전체의 얼마인지 구해 보세요.

( )

17 다음 수 카드 중에서 2장을 사용하여 분수의 곱셈식을 만들려고 합니다. 계산 결과가 가장 작은 곱셈식을 만들고 계산해 보세요.

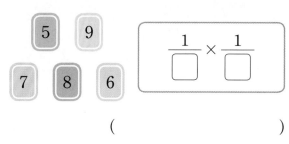

( )

18 세영이는 어제 책 전체의 $\frac{1}{2}$을 읽었습니다. 오늘은 어제 읽고 난 나머지의 $\frac{4}{7}$를 읽었습니다. 책 한 권이 210쪽일 때, 세영이가 어제와 오늘 읽고 난 나머지는 몇 쪽인지 구해 보세요.

( )쪽

서술형 문제

2 단원

공부한 날

월

일

19 두께가 일정하고 1 m에 $1\frac{1}{5}$ kg인 쇠막대가 있습니다. 이 쇠막대 $7\frac{2}{9}$ m의 무게는 몇 kg인지 풀이 과정을 쓰고, 답을 구해 보세요.

풀이 _____

_____

_____

_____

답 _____ kg

응용

20 1분에 8 L씩 물이 일정하게 나오는 수도꼭지가 있습니다. 이 수도꼭지로 3분 25초 동안 받은 물의 양은 몇 L인지 풀이 과정을 쓰고, 답을 구해 보세요.

풀이 _____

_____

_____

답 _____ L

3

합동과 대칭

단원의 공부 계획을 세우고,
공부한 내용을 얼마나 이해했는지 스스로 평가해 보세요.

☆☆☆ 자신있게 설명할 수 있어요.   ☆☆ 설명하기 조금 힘들어요.   ☆ 어려워서 설명할 수 없어요.

도형의 합동을 알아봐요 / 합동인 도형의 성질을 알아봐요

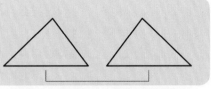

포개었을 때 완전히 겹치는 두 도형은 어떻게 만들 수 있는지 알아보고, 그 도형의 성질을 알아볼까요?

탐구

도형의 합동을 알아볼까요?

개념 동영상

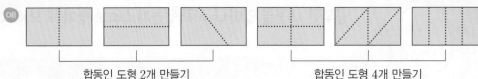

포개었을 때 완전히 겹치는 두 도형을 서로 합동이라고 합니다. 합동인 두 도형은 모양과 크기가 같습니다.

뒤집거나 돌려서 포개었을 때 완전히 겹치는 두 도형도 합동입니다.

참고 직사각형 모양의 색종이를 잘라서 합동인 도형을 만들 수 있습니다.

예

합동인 도형 2개 만들기　　　　합동인 도형 4개 만들기

🔍 대응점, 대응변, 대응각 알아보기

합동인 두 도형을 포개었을 때 겹치는 꼭짓점을 대응점, 겹치는 변을 대응변, 겹치는 각을 대응각이라고 합니다.

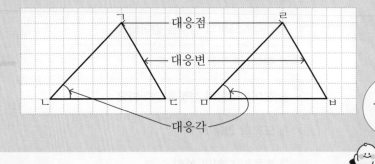

대응변과 대응각을 기호로 나타낼 때 대응점의 순서에 맞게 나타내요.

대응점	대응변	대응각
점 ㄱ과 점 ㄹ	변 ㄱㄴ과 변 ㄹㅁ	각 ㄱㄴㄷ과 각 ㄹㅁㅂ
점 ㄴ과 점 ㅁ	변 ㄴㄷ과 변 ㅁㅂ	각 ㄴㄷㄱ과 각 ㅁㅂㄹ
점 ㄷ과 점 ㅂ	변 ㄷㄱ과 변 ㅂㄹ	각 ㄷㄱㄴ과 각 ㅂㄹㅁ

🔍 합동인 도형의 성질 알아보기

합동인 두 도형에서 각각의 대응변의 길이가 서로 같습니다.
합동인 두 도형에서 각각의 대응각의 크기가 서로 같습니다.

1단계 개념탄탄

1 색종이 2장을 겹쳐서 오려 낸 것입니다. ☐ 안에 알맞은 말을 써넣으세요.

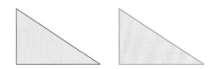

포개었을 때 완전히 겹치는 두 도형을 서로 ☐ (이)라고 합니다.

2 왼쪽 도형과 합동인 도형에 ◯표 하세요.

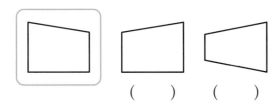

(   )   (   )

3 두 사각형은 합동입니다. ☐ 안에 알맞은 기호를 써넣으세요.

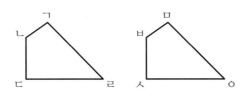

(1) 점 ㄴ의 대응점은 점 ☐ 입니다.

(2) 변 ㄹㄱ의 대응변은 변 ☐ 입니다.

(3) 각 ㄴㄷㄹ의 대응각은 각 ☐ 입니다.

4 두 삼각형은 합동입니다. ☐ 안에 알맞은 수를 써넣으세요.

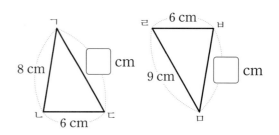

5 두 사각형은 합동입니다. 각 ㄴㄷㄹ은 몇 도인지 구해 보세요.

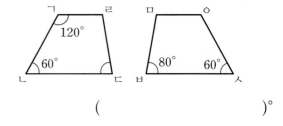

(   )°

6 주어진 삼각형과 합동인 삼각형을 그려 보세요.

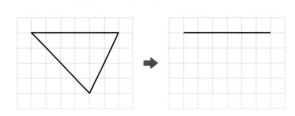

2 선대칭도형을 알아봐요

곤충의 모양에는 어떤 특징이 있는지 알아볼까요?

개념 동영상

탐구 선대칭도형을 알아볼까요?

가 나 다 라

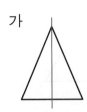 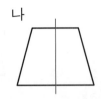  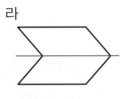

| 한 직선을 따라 접었을 때 완전히 겹치는 도형 | 가, 나, 라 |

점이나 선을 기준으로 접거나 돌렸을 때 완전히 겹치면 대칭이라고 해요.

한 직선을 따라 접었을 때 완전히 겹치는 도형을 선대칭도형이라고 합니다. 이때 그 직선을 대칭축이라고 합니다.

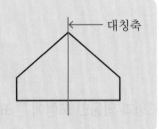

← 대칭축

🔍 선대칭도형에서 대칭축 알아보기

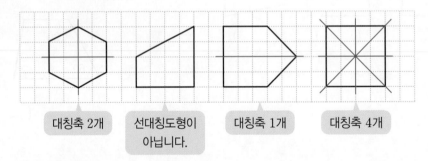

대칭축 2개 선대칭도형이 아닙니다. 대칭축 1개 대칭축 4개

➡ 선대칭도형의 모양에 따라 대칭축은 여러 개일 수 있습니다.

참고 원은 원의 중심을 지나는 어떤 직선을 따라 접어도 완전히 겹칩니다.
➡ 원의 대칭축은 무수히 많습니다.

이미지로 개념 콕

⭕ 선대칭도형인 것

❌ 선대칭도형이 아닌 것

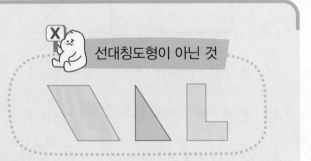

교과서➕익힘책
1단계 개념탄탄

1 도형을 보고 ☐ 안에 알맞은 말을 써넣으세요.

> 한 직선을 따라 접었을 때 완전히 겹치는
> 도형을 [   ](이)라고 합니다.

2 직선 ㄱㄴ을 따라 도형을 접으면 완전히 겹칩니다. 이 직선 ㄱㄴ을 무엇이라고 하나요?

(   )

3 선대칭도형을 찾아 기호를 써 보세요.

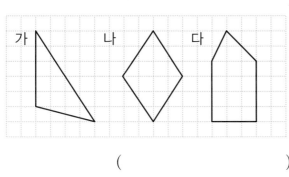

(   )

4 선대칭도형의 대칭축을 바르게 그린 것을 찾아 ◯표 하세요.

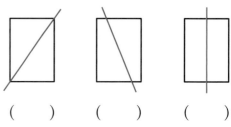

(   )   (   )   (   )

5 선대칭도형의 대칭축을 그려 보세요.

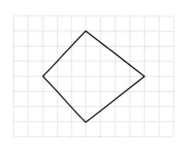

6 정삼각형의 대칭축은 모두 몇 개인지 구해 보세요.

(   )개

3 선대칭도형의 성질을 알아봐요

선대칭도형에는 어떤 성질이 있는지 알아볼까요?

 탐구

선대칭도형의 성질을 알아볼까요?

개념 동영상

선대칭도형에서 대칭축을
따라 접었을 때
겹치는 꼭짓점: 대응점
겹치는 변: 대응변
겹치는 각: 대응각

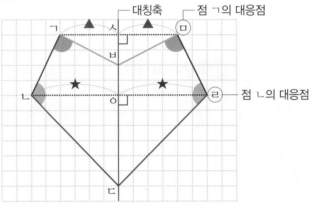

• 선대칭도형에서 각각의 대응변의 길이가 서로 같습니다.

• 선대칭도형에서 각각의 대응각의 크기가 서로 같습니다.

• 선대칭도형의 대응점끼리 이은 선분이 대칭축과 수직으로 만납니다.
 └─선분 ㄱㅁ, 선분 ㄴㄹ └─90°

• 선대칭도형의 각각의 대응점에서 대칭축까지의 거리가 서로 같습니다.
 └─(선분 ㄱㅅ)=(선분 ㅁㅅ), (선분 ㄴㅇ)=(선분 ㄹㅇ)

대칭축은 대응점끼리
이은 선분을 둘로
똑같이 나눠요.

🔍 선대칭도형의 성질을 이용하여 선대칭도형 그리기

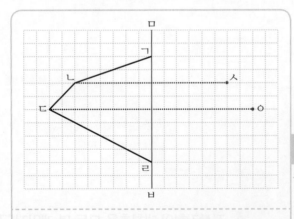

❶ 직선 ㅁㅂ을 대칭축으로 할 때 점 ㄴ과
점 ㄷ의 대응점을 찾아 각각 점 ㅅ과 점 ㅇ
으로 표시합니다.

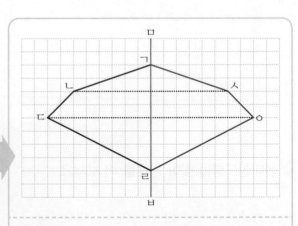

❷ 점 ㄱ과 점 ㅅ, 점 ㅅ과 점 ㅇ, 점 ㅇ과
점 ㄹ을 이어 도형을 완성합니다.

참고 각 점에서 대칭축에 수선을 그었을 때, 대칭축을 기준으로 각 점과 반대 방향으로 같은 거리에 있는 점이
대응점입니다.

1단계 개념탄탄

1 선대칭도형을 보고 ☐ 안에 알맞은 기호를 써넣으세요.

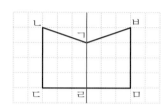

(1) 점 ㄷ의 대응점은 점 ☐ 입니다.

(2) 변 ㅂㄱ의 대응변은 변 ☐ 입니다.

(3) 각 ㄴㄷㄹ의 대응각은 각 ☐ 입니다.

2 선대칭도형에 대한 설명으로 바른 문장은 ○표, <u>잘못된</u> 문장은 ×표 하세요.

| 대응각의 크기가 서로 같습니다. | ○ |

| 각각의 대응점에서 대칭축까지의 거리가 서로 다릅니다. | ○ |

3 선대칭도형을 보고 ☐ 안에 알맞은 수를 써넣으세요.

(1)

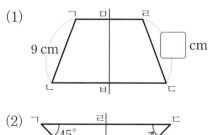

(2)

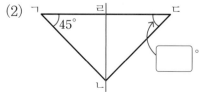

[4~5] 선대칭도형을 보고 물음에 답하세요.

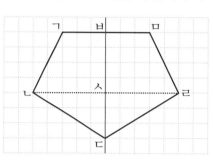

4 대응점끼리 이은 선분 ㄴㄹ이 대칭축과 만나서 이루는 각은 몇 도인지 구해 보세요.

( )°

5 주어진 선분과 길이가 같은 선분을 찾아 써 보세요.

선분 ㄴㅅ과 ( )

선분 ㅁㅂ과 ( )

6 선대칭도형을 완성해 보세요.

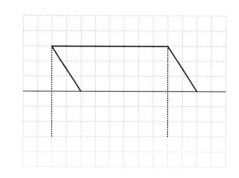

4 점대칭도형을 알아봐요

오른쪽 그림에서 빨간색 선으로 표시한
부분에는 어떤 특징이 있나요?

 점대칭도형을 알아볼까요?

점 ㄱ을 중심으로 평행사변형을 돌리면 다음 그림과 같습니다.

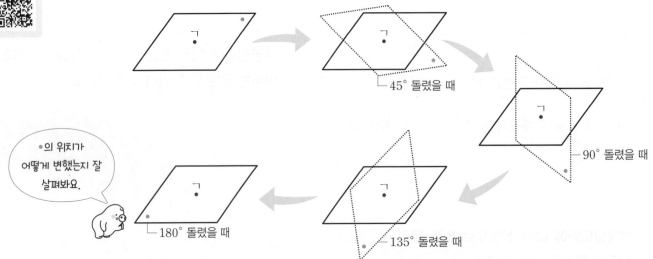

•의 위치가
어떻게 변했는지 잘
살펴봐요.

➡ 점 ㄱ을 중심으로 평행사변형을 180° 돌렸을 때 원래 도형의 모양과 완전히 겹칩니다.

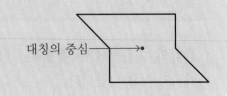

한 점을 중심으로 180° 돌렸을 때 원래 도형의 모양과
완전히 겹치는 도형을 **점대칭도형**이라고 합니다.
이때 그 점을 **대칭의 중심**이라고 합니다.

대칭의 중심

참고 점대칭도형에서 대칭의 중심은 도형의 모양에 상관없이 항상 1개뿐입니다.

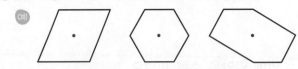

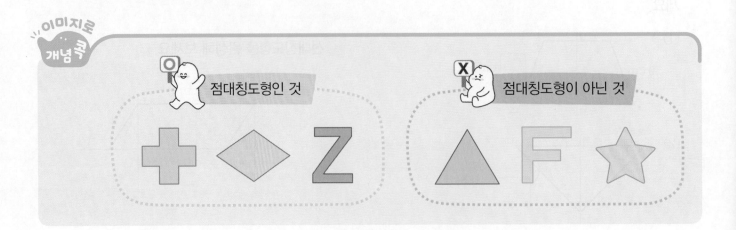

점대칭도형인 것

점대칭도형이 아닌 것

1단계 개념탄탄

1 도형을 보고 ☐ 안에 알맞은 말을 써넣으세요.

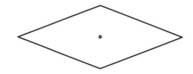

> 한 점을 중심으로 180° 돌렸을 때 원래
> 도형의 모양과 완전히 겹치는 도형을
> ☐☐☐☐☐☐(이)라고 합니다.

2 점 ㅇ을 중심으로 도형을 180° 돌리면 원래 도형의 모양과 완전히 겹칩니다. 이때 점 ㅇ을 무엇이라고 하나요?

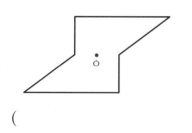

( )

3 한 점을 중심으로 180° 돌렸을 때 원래 도형의 모양과 완전히 겹치는 도형을 찾아 ◯표 하세요.

( )   ( )   ( )

4 점대칭도형에서 대칭의 중심을 찾아 써 보세요.

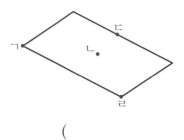

( )

5 네잎클로버 모양의 점대칭도형에서 대칭의 중심은 몇 개인가요?

( )개

6 점대칭도형이 <u>아닌</u> 것을 찾아 기호를 써 보세요.

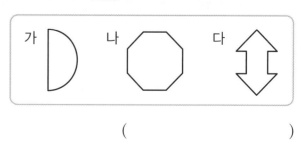

( )

점대칭도형의 성질을 알아봐요

점대칭도형에는 어떤 성질이 있는지 알아볼까요?

점대칭도형의 성질을 알아볼까요?

개념 동영상

점대칭도형에서 한 점을 중심으로 180° 돌렸을 때
겹치는 꼭짓점: 대응점
겹치는 변: 대응변
겹치는 각: 대응각

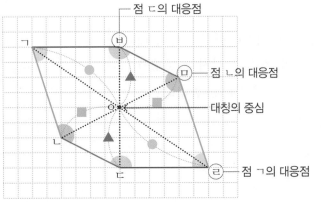

- 점대칭도형에서 각각의 대응변의 길이가 서로 같습니다.

- 점대칭도형에서 각각의 대응각의 크기가 서로 같습니다.

- 점대칭도형의 각각의 대응점끼리 이은 선분이 만나는 점이 대칭의 중심입니다.
  └ 선분 ㄱㄹ, 선분 ㄴㅁ, 선분 ㄷㅂ   └ 점 ㅇ

- 점대칭도형의 각각의 대응점에서 대칭의 중심까지의 거리가 서로 같습니다.
  └ (선분 ㄱㅇ)=(선분 ㄹㅇ), (선분 ㄴㅇ)=(선분 ㅁㅇ), (선분 ㄷㅇ)=(선분 ㅂㅇ)

대칭의 중심은 대응점끼리 이은 선분을 둘로 똑같이 나눠요.

🔍 점대칭도형의 성질을 이용하여 점대칭도형 그리기

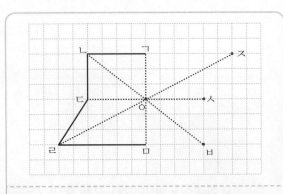　➡　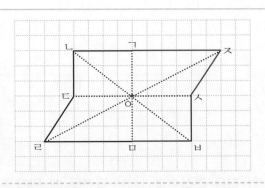

❶ 점 ㅇ을 대칭의 중심으로 할 때 점 ㄴ, 점 ㄷ, 점 ㄹ의 대응점을 찾아 각각 점 ㅂ, 점 ㅅ, 점 ㅈ으로 표시합니다.

❷ 점 ㅁ과 점 ㅂ, 점 ㅂ과 점 ㅅ, 점 ㅅ과 점 ㅈ, 점 ㅈ과 점 ㄱ을 이어 도형을 완성합니다.

참고 각 점에서 대칭의 중심을 지나는 직선을 그었을 때, 대칭의 중심을 기준으로 각 점과 반대 방향으로 같은 거리에 있는 점이 대응점입니다.

1 점대칭도형을 보고 □ 안에 알맞은 기호를 써넣으세요.

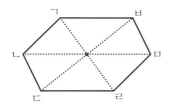

(1) 점 ㄱ의 대응점은 점 □ 입니다.

(2) 변 ㄷㄹ의 대응변은 변 □ 입니다.

(3) 각 ㄹㅁㅂ의 대응각은 각 □ 입니다.

2 점대칭도형에 대한 설명으로 바른 문장은 ○표, 잘못된 문장은 ✕표 하세요.

한 점을 중심으로 90° 돌렸을 때 겹치는 변이 대응변입니다. ○

각각의 대응점에서 대칭의 중심까지의 거리가 서로 같습니다. ○

3 점대칭도형을 보고 □ 안에 알맞은 수를 써넣으세요.

(1)
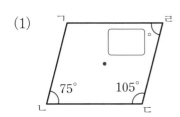

(2)
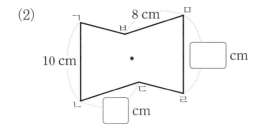

4 점대칭도형에서 선분 ㅂㅇ과 길이가 같은 선분을 찾아 써 보세요.

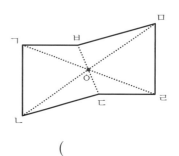

( )

5 점대칭도형의 대칭의 중심을 찾아 • 으로 나타내 보세요.

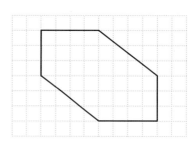

6 점대칭도형을 완성해 보세요.

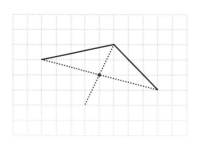

유형 1 도형의 합동

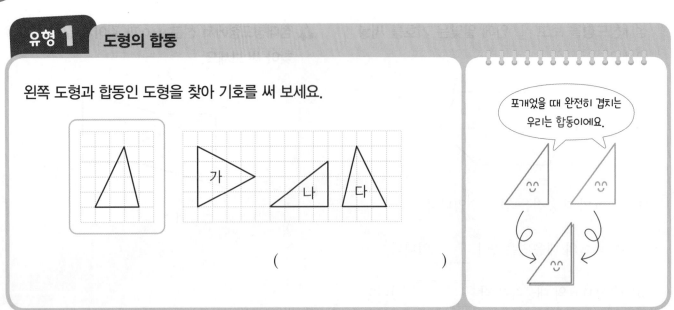

왼쪽 도형과 합동인 도형을 찾아 기호를 써 보세요.

( )

포개었을 때 완전히 겹치는 우리는 합동이에요.

01 합동인 도형을 모두 찾아 기호를 써 보세요.

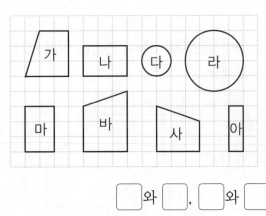

☐ 와 ☐ , ☐ 와 ☐

02 점선을 따라 자른 두 도형이 합동이 되는 것을 찾아 기호를 써 보세요.

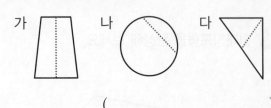

( )

03 직사각형 모양의 색종이를 잘라 합동인 사각형 4개를 만들려고 합니다. 자르는 선을 알맞게 그어 보세요.

04 한 대각선을 따라 잘랐을 때 잘린 두 도형이 항상 합동이 되는 사각형의 기호를 써 보세요.

| ㉠ 사다리꼴 | ㉡ 정사각형 |

( )

➜ 바른답·알찬풀이 **26**쪽

유형 2 합동인 도형의 성질

합동인 두 사각형을 보고 ☐ 안에 알맞은 수를 써넣으세요.

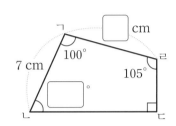

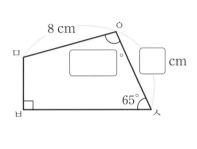

대응점
대응변
대응각

대응변의 길이와
대응각의 크기가
각각 같아요.

3
단원

공부한 날

월

일

05 합동인 두 삼각형을 보고 <u>잘못</u> 설명한 친구의
이름을 써 보세요.

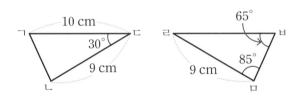

> 현재: 점 ㄹ의 대응점은 점 ㄷ입니다.
> 유나: 각 ㄱㄴㄷ은 65°입니다.

(   )

07 두 사각형은 합동입니다. 사각형 ㄱㄴㄷㄹ의
둘레는 몇 cm인가요?

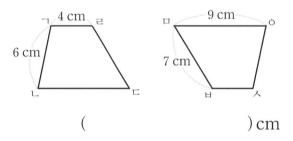

(   ) cm

서술형

08 두 삼각형은 합동입니다. 각 ㅂㄹㅁ은 몇 도인
지 풀이 과정을 쓰고, 답을 구해 보세요.

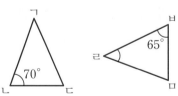

풀이 _____

_____

_____

답 _____ °

06 주어진 사각형과 합동인 사각형을 그려 보세요.

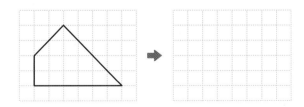

유형 3 선대칭도형과 점대칭도형

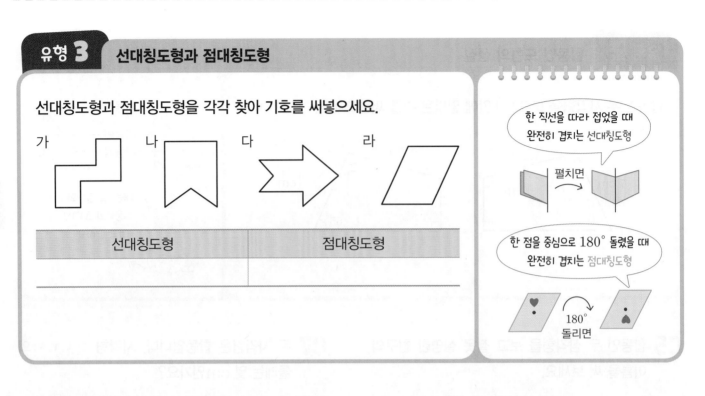

선대칭도형과 점대칭도형을 각각 찾아 기호를 써넣으세요.

가   나   다   라

한 직선을 따라 접었을 때 완전히 겹치는 선대칭도형

펼치면

한 점을 중심으로 180° 돌렸을 때 완전히 겹치는 점대칭도형

180°
돌리면

선대칭도형	점대칭도형

09 선대칭도형과 점대칭도형을 각각 찾아 기호를 써 보세요.

가 **T** 나 **S** 다 **X** 라 **C**

선대칭도형 (   )
점대칭도형 (   )

서술형

10 선대칭도형이면서 점대칭도형인 것을 찾아 풀이 과정을 쓰고, 답을 구해 보세요.

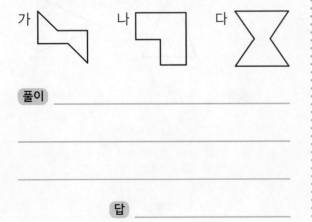

가   나   다

풀이 _____

_____

_____

답 _____

[11~12] 도형 가는 정사각형이고, 도형 나는 정삼각형입니다. 물음에 답하세요.

가   나

11 도형 가와 도형 나에 대해 **잘못** 설명한 친구는 누구인가요?

현수: 도형 가와 도형 나는 모두 선대칭도형입니다.
민하: 도형 나는 한 점을 중심으로 180° 돌렸을 때 원래 도형의 모양과 완전히 겹칩니다.
연우: 도형 가의 대칭의 중심은 1개입니다.

(   )

12 대칭축이 더 많은 것을 찾아 기호를 써 보세요.

(   )

유형 4 선대칭도형의 성질

선대칭도형을 보고 ☐ 안에 알맞은 수를 써넣으세요.

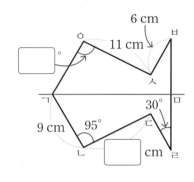

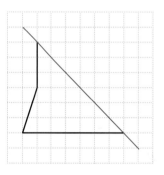

각각의 대응변의 길이, 대응각의 크기, 대응점에서 대칭축까지의 거리는 각각 서로 같아요.

13 선대칭도형을 보고 ☐ 안에 알맞은 수를 써넣으세요.

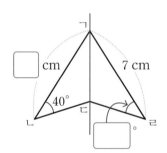

15 선대칭도형을 완성해 보세요.

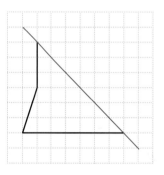

14 선대칭도형에서 선분 ㄴㄹ은 20 cm입니다. 선분 ㄹㅁ은 몇 cm인가요?

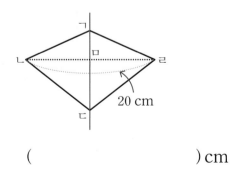

(   ) cm

16 선대칭도형을 보고 ☐ 안에 알맞은 수를 써넣으세요.

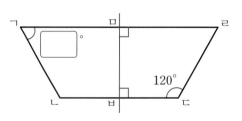

유형5 점대칭도형의 성질

점대칭도형을 보고 ☐ 안에 알맞은 수를 써넣으세요.

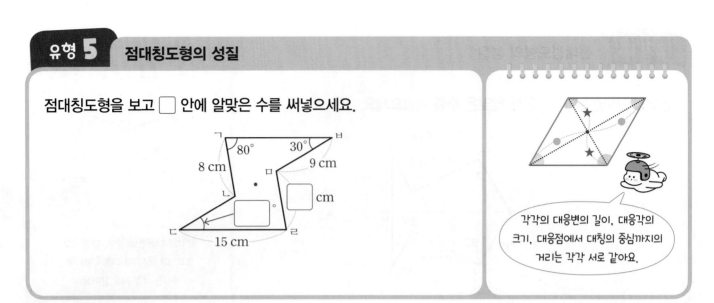

각각의 대응변의 길이, 대응각의 크기, 대응점에서 대칭의 중심까지의 거리는 각각 서로 같아요.

17 점대칭도형에 대해 바르게 설명한 것을 찾아 기호를 써 보세요.

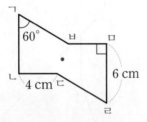

ㄱ 변 ㄱㅂ의 대응변은 변 ㅁㅂ입니다.
ㄴ 변 ㄱㄴ은 4 cm입니다.
ㄷ 각 ㄱㄴㄷ은 90°입니다.

(   )

18 점대칭도형에서 선분 ㄴㅁ은 몇 cm인가요?

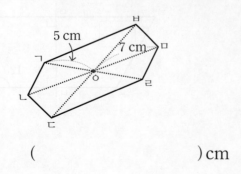

(   ) cm

19 점대칭도형을 완성해 보세요.

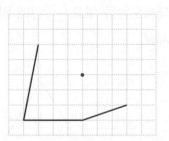

20 점대칭도형의 둘레는 몇 cm인가요?

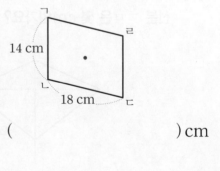

(   ) cm

응용유형 1 완성한 도형의 넓이 구하기

문제해결 추론

오른쪽 점대칭도형을 완성하고, 완성한 점대칭도형의
넓이는 몇 cm^2인지 구해 보세요.

(1) 오른쪽 점대칭도형을 완성해 보세요.

(2) 완성한 점대칭도형의 넓이는 몇 cm^2인가요?

(   ) cm^2

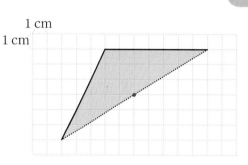

3 단원

공부한 날

월

일

유사

1-1

오른쪽 선대칭도형을 완성하고, 완성한 선대칭도형의
넓이는 몇 cm^2인지 구해 보세요.

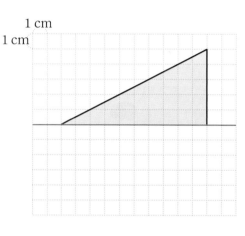

(   ) cm^2

변형

1-2

점대칭도형을 완성하려고 합니다. 완성한 점대칭도형의 넓이는 몇 cm^2인지 구해 보세요.

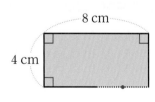

(   ) cm^2

응용유형 2 도형의 성질을 이용하여 각의 크기 구하기

오른쪽 그림에서 삼각형 ㄱㄴㄹ은 선대칭도형입니다. 각 ㄴㄱㄹ은 몇 도인지 구해 보세요.

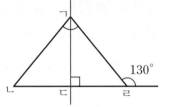

(1) 각 ㄱㄹㄷ은 몇 도인지 구해 보세요.

( )°

(2) 각 ㄱㄴㄷ은 몇 도인지 구해 보세요.

( )°

(3) 각 ㄴㄱㄹ은 몇 도인지 구해 보세요.

( )°

2-1 점대칭도형에서 각 ㄹㅁㅂ은 몇 도인지 구해 보세요.

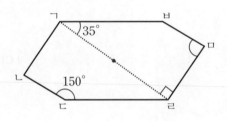

( )°

2-2 대칭축이 2개인 선대칭도형입니다. ㉠은 몇 도인지 구해 보세요.

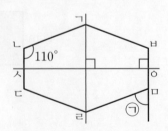

( )°

→ 바른답·알찬풀이 **28**쪽

응용유형 3 합동인 도형의 성질을 이용하여 변의 길이 구하기

오른쪽 도형에서 삼각형 ㄱㄴㄷ과 삼각형 ㄷㄹㄱ은 합동입니다. 삼각형 ㄱㄴㄷ의 둘레가 32 cm일 때 변 ㄴㄷ은 몇 cm인지 구해 보세요.

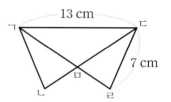

(1) 변 ㄱㄴ은 몇 cm인지 구해 보세요.

(   ) cm

(2) 변 ㄴㄷ은 몇 cm인지 구해 보세요.

(   ) cm

3
단원

공부한 날

월

일

유사

3-1 오른쪽 도형에서 삼각형 ㄱㄴㄷ과 삼각형 ㄹㅁㄷ은 합동입니다. 삼각형 ㄱㄴㄷ의 둘레가 30 cm일 때 변 ㄹㅁ은 몇 cm인지 구해 보세요.

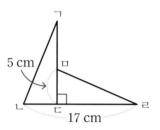

(   ) cm

변형

3-2 직사각형 모양의 종이를 오른쪽 그림과 같이 삼각형 ㄱㄴㅂ과 삼각형 ㅁㄹㅂ이 합동이 되도록 접었습니다. 직사각형 ㄱㄴㄷㄹ의 둘레는 몇 cm인지 구해 보세요.

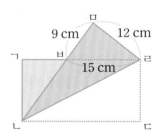

(   ) cm

중1 미리보기

삼각형의 합동 조건 ➡ ① 대응하는 세 변의 길이가 각각 같을 때
② 대응하는 두 변의 길이가 각각 같고, 그 사이의 각의 크기가 같을 때
③ 대응하는 한 변의 길이가 같고, 그 양 끝 각의 크기가 각각 같을 때

예

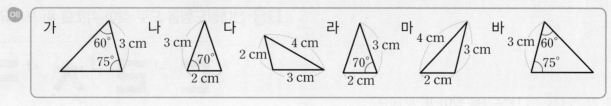

합동인 삼각형을 짝 지으면 가와 바, 나와 ☐, 다와 ☐입니다.   **답** 라, 마

01 왼쪽 도형과 합동인 도형에 ○표 하세요.

  ( ) ( )

중요
02 선대칭도형의 대칭축을 찾아 기호를 써 보세요.

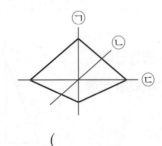

( )

[03~04] 합동인 두 사각형을 보고 물음에 답하세요.

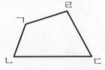 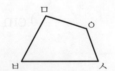

03 점 ㅁ의 대응점을 찾아 써 보세요.

( )

04 각 ㄱㄴㄷ의 대응각을 찾아 써 보세요.

( )

[05~06] 점대칭도형을 보고 물음에 답하세요.

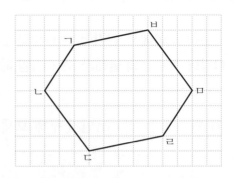

05 점대칭도형에서 대칭의 중심을 찾아 · 으로 표시해 보세요.

06 점대칭도형에서 변 ㄹㅁ의 대응변을 찾아 써 보세요.

( )

07 주어진 사각형과 합동인 사각형을 그려 보세요.

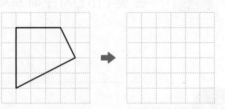

08 선대칭도형을 모두 찾아 기호를 써 보세요.

가 ㄷ 나 ㄹ 다 ㅊ 라 ㅋ

( )

09 선대칭도형을 보고 ☐ 안에 알맞은 수를 써넣으세요.

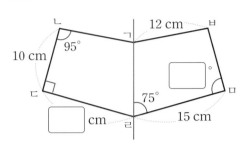

[12~13] 선대칭도형을 보고 물음에 답하세요.

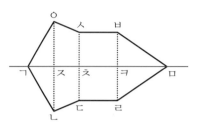

12 각 ㅇㅈㄱ은 몇 도인가요?

( )°

13 선대칭도형에서 대칭축이 둘로 똑같이 나누는 선분을 모두 찾아 써 보세요.

( )

10 직사각형 모양의 종이띠를 선분을 따라 모두 잘랐을 때 합동인 두 도형을 찾아 기호를 써 보세요.

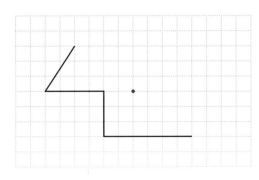

( )

14 원의 대칭축은 몇 개인가요? ( )

① 1개   ② 2개   ③ 4개
④ 5개   ⑤ 무수히 많습니다.

11 점대칭도형을 완성해 보세요.

15 두 삼각형은 합동입니다. 삼각형 ㄹㅁㅂ의 둘레는 몇 cm인지 구해 보세요.

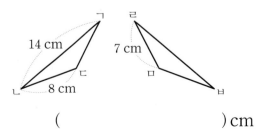

( ) cm

16 선대칭도형을 완성하고, 완성한 선대칭도형의 넓이는 몇 cm²인지 구해 보세요.

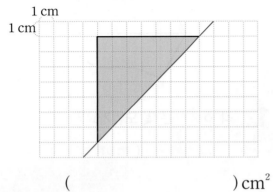

(   ) cm²

중요
17 점대칭도형에서 각 ㄴㄷㄹ은 몇 도인지 구해 보세요.

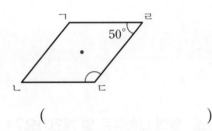

(   )°

응용
18 직사각형 모양의 종이를 삼각형 ㄱㄴㅁ과 삼각형 ㄷㅂㅁ이 합동이 되도록 접었습니다. 삼각형 ㄱㄴㄷ의 넓이는 몇 cm²인지 구해 보세요.

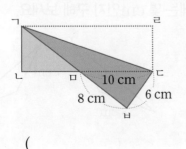

(   ) cm²

서술형 문제

19 도형 가와 합동이 아닌 도형을 찾아 기호를 쓰고, 그 이유를 써 보세요.

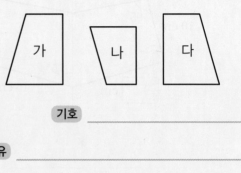

기호 _____

이유 _____

_____

20 점대칭도형에서 변 ㄴㄷ은 몇 cm인지 풀이 과정을 쓰고, 답을 구해 보세요.

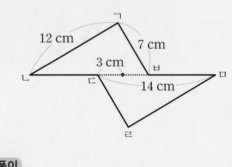

풀이 _____

_____

_____

_____

답 _____ cm

점수
점

한 문항당 배점은 5점입니다.

➡ 바른답·알찬풀이 **31** 쪽

01 점선을 따라 자른 두 도형이 합동이 되는 것에 ○표 하세요.

( ) ( )

[02~03] 도형을 보고 물음에 답하세요.

가 나 다

02 선대칭도형을 모두 찾아 기호를 써 보세요.

( )

03 점대칭도형을 찾아 기호를 써 보세요.

( )

04 두 사각형은 합동입니다. 대응점, 대응변, 대응각은 각각 몇 쌍인가요?

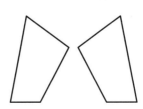

대응점 ☐ 쌍
대응변 ☐ 쌍
대응각 ☐ 쌍

[05~06] 선대칭도형을 보고 물음에 답하세요.

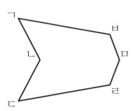

05 위의 선대칭도형에 대칭축을 그려 보세요.

3
단원

공부한 날

월

일

06 표를 완성해 보세요.

점 ㅂ의 대응점	
변 ㄱㄴ의 대응변	
각 ㄷㄹㅁ의 대응각	

07 도형 가와 합동이 <u>아닌</u> 도형을 찾아 기호를 써 보세요.

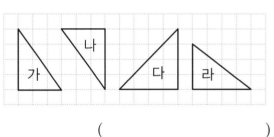

( )

중요
08 두 삼각형은 합동입니다. ☐ 안에 알맞은 수를 써넣으세요.

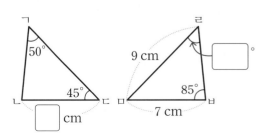

09 점대칭도형을 보고 □ 안에 알맞은 수를 써넣으세요.

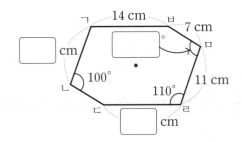

10 점대칭도형에 대해 <u>잘못</u> 설명한 친구의 이름을 써 보세요.

> 윤하: 대칭의 중심은 항상 1개입니다.
> 경민: 각각의 대응점에서 대칭의 중심까지의 거리가 서로 같습니다.
> 민주: 대응점끼리 이은 선분은 대칭축과 수직으로 만납니다.

(   )

11 선대칭도형에서 선분 ㄹㅂ은 몇 cm인지 구해 보세요.

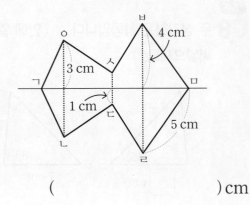

(   ) cm

12 선대칭도형을 완성해 보세요.

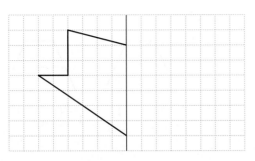

13 두 사각형은 합동입니다. 각 ㅁㅂㅅ은 몇 도인지 구해 보세요.

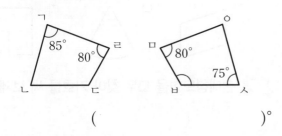

(   )°

14 선대칭도형이면서 점대칭도형인 것을 모두 찾아 기호를 써 보세요.

(   )

응용
15 선대칭도형에서 각 ㅁㄱㄴ은 몇 도인지 구해 보세요.

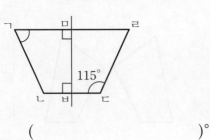

(   )°

16 대칭축이 2개인 선대칭도형입니다. 선대칭도형의 둘레는 몇 cm인지 구해 보세요.

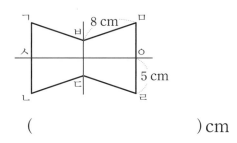

(   ) cm

17 사각형을 두 대각선을 따라 잘랐을 때 잘린 네 도형이 항상 합동이 되는 것을 모두 찾아 기호를 써 보세요.

㉠ 마름모	㉡ 평행사변형
㉢ 직사각형	㉣ 정사각형

(   )

18 삼각형 ㄱㄴㄷ과 삼각형 ㄹㄷㄴ은 합동입니다. 각 ㄴㄷㄹ은 몇 도인지 구해 보세요.

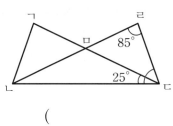

(   )°

서술형 문제

19 정사각형과 정육각형의 대칭축 수의 차는 몇 개인지 풀이 과정을 쓰고, 답을 구해 보세요.

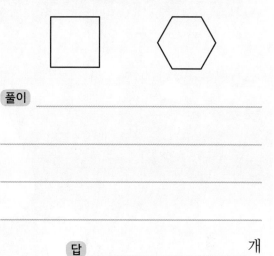

풀이 _____

_____

_____

_____

답 _____ 개

20 점대칭도형의 둘레가 82 cm일 때 변 ㄴㄷ은 몇 cm인지 풀이 과정을 쓰고, 답을 구해 보세요.

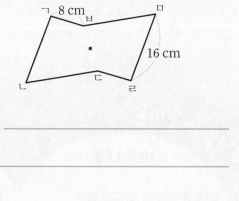

풀이 _____

_____

_____

_____

답 _____ cm

4

소수의 곱셈

단원의 공부 계획을 세우고,
공부한 내용을 얼마나 이해했는지 스스로 평가해 보세요.

☆☆☆ 자신있게 설명할 수 있어요.   ☆☆ 설명하기 조금 힘들어요.   ☆ 어려워서 설명할 수 없어요.

(소수)×(자연수)를 알아봐요(1)

▶ (소수 한 자리 수)×(자연수)

피자 한 판을 만드는 데 밀가루 반죽을 0.7 kg 사용해요.
피자 3판을 만드는 데 사용한 밀가루 반죽은 모두 몇 kg인가요?

0.7×3을 계산해 볼까요?

개념 동영상

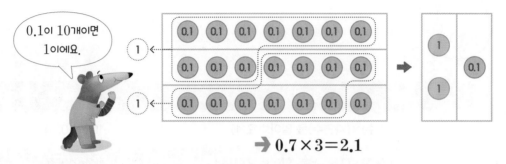

0.1이 10개이면
1이에요.

→ $0.7×3=2.1$

2.3×4 계산하기

방법 1 분수의 곱셈으로 계산하기

$2.3=\dfrac{23}{10}$을 이용하여 계산

$$2.3×4=\dfrac{23}{10}×4=\dfrac{23×4}{10}=\dfrac{92}{10}=9.2$$

방법 2 자연수의 곱셈을 이용하여 계산하기

$$\begin{array}{r} 2\ 3 \\ ×\quad 4 \\ \hline 9\ 2 \end{array} \xrightarrow{\ \frac{1}{10}\text{배}\ } \begin{array}{r} 2\,.\,3 \\ ×\quad 4 \\ \hline 9\,.\,2 \end{array}$$

$\dfrac{1}{10}$배 ⟶

2.3은 23의 $\dfrac{1}{10}$배이므로 2.3×4는 92의 $\dfrac{1}{10}$배입니다.

이미지로
개념콕

$$\begin{array}{r} 2\ 1\ 7 \\ ×\quad\ \ 4 \\ \hline 8\ 6\ 8 \end{array} \Rightarrow \begin{array}{r} 2\ 1\,.\,7 \\ ×\qquad 4 \\ \hline 8\ 6\,.\,8 \end{array}$$

자연수의 곱셈을 한 후
소수점을 내려서 찍어요.

1 그림을 보고 ☐ 안에 알맞은 수를 써넣으세요.

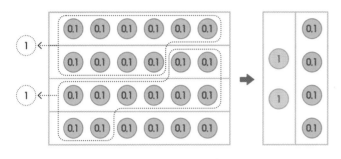

$$0.6 \times 4 = \boxed{}$$

2 46×9를 이용하여 4.6×9를 계산해 보세요.

$$
\begin{array}{c}
4\;6 \\
\times\quad 9 \\
\hline
\boxed{}
\end{array}
\quad \xrightarrow{\frac{1}{10}\text{배}} \quad
\begin{array}{c}
4.6 \\
\times\quad 9 \\
\hline
\boxed{}
\end{array}
$$

$$4\,6 \xrightarrow{\frac{1}{10}\text{배}} 4.6$$

3 1.7×8을 분수의 곱셈으로 계산해 보세요.

$$1.7 \times 8 = \frac{\boxed{}}{10} \times 8 = \frac{\boxed{} \times 8}{10}$$

$$= \frac{\boxed{}}{10} = \boxed{}$$

4 1.9×4를 서로 다른 방법으로 계산했습니다. ☐ 안에 알맞은 수를 써넣으세요.

방법 1 분수의 곱셈으로 계산하기

$$1.9 \times 4 = \frac{\boxed{}}{10} \times 4 = \frac{\boxed{} \times 4}{10}$$

$$= \frac{\boxed{}}{10} = \boxed{}$$

방법 2 자연수의 곱셈을 이용하여 계산하기

$$
\begin{array}{c}
1\;9 \\
\times\quad 4 \\
\hline
\boxed{}
\end{array}
\quad \Rightarrow \quad
\begin{array}{c}
1.9 \\
\times\quad 4 \\
\hline
\boxed{}
\end{array}
$$

5 계산해 보세요.

(1) 0.8×7

(2) 4.3×3

(3)
$$
\begin{array}{r}
2.5 \\
\times\quad 5 \\
\hline
\end{array}
$$

(4)
$$
\begin{array}{r}
0.6 \\
\times\;1\;2 \\
\hline
\end{array}
$$

6 빈칸에 알맞은 수를 써넣으세요.

| 0.9 | 25 | |

(소수)×(자연수)를 알아봐요 (2)

▶ (소수 두 자리 수)×(자연수)

자전거로 1분에 0.46 km를 달렸어요. 같은 빠르기로 7분 동안에는
몇 km를 달릴 수 있나요?

탐구

0.46×7을 계산해 볼까요?

개념 동영상

방법 1 분수의 곱셈으로 계산하기

$0.46 = \dfrac{46}{100}$ 을 이용하여 계산

$$0.46 \times 7 = \frac{46}{100} \times 7 = \frac{46 \times 7}{100} = \frac{322}{100} = 3.22$$

방법 2 자연수의 곱셈을 이용하여 계산하기

$$
\begin{array}{r}
4\ 6 \\
\times\ \ 7 \\
\hline
3\ 2\ 2
\end{array}
\quad \xrightarrow{\frac{1}{100}배} \quad
\begin{array}{r}
0.4\ 6 \\
\times\ \ \ \ 7 \\
\hline
3.2\ 2
\end{array}
$$

0.46은 46의 $\dfrac{1}{100}$ 배이므로 0.46×7은 322의 $\dfrac{1}{100}$ 배입니다.

🔍 1.27×5를 여러 가지 방법으로 계산하기

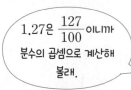

1.27은 $\dfrac{127}{100}$ 이니까
분수의 곱셈으로 계산해
볼래.

127×5를
이용해서 계산해
볼래.

소수의 덧셈을
이용해서 계산해
볼래.

$$1.27 \times 5 = \frac{127}{100} \times 5 = \frac{127 \times 5}{100}$$
$$= \frac{635}{100} = 6.35$$

$$
\begin{array}{r}
1\ 2\ 7 \\
\times\ \ \ \ 5 \\
\hline
6\ 3\ 5
\end{array}
\ -\frac{1}{100}배 \rightarrow
\begin{array}{r}
1.2\ 7 \\
\times\ \ \ \ 5 \\
\hline
6.3\ 5
\end{array}
$$

$$1.27 \times 5 = 1.27 + 1.27 + 1.27$$
$$+ 1.27 + 1.27$$
$$= 6.35$$

이미지로 개념 콕

$$
\begin{array}{r}
7\ 5 \\
\times\ \ \ 6 \\
\hline
4\ 5\ 0
\end{array}
\ \Rightarrow\
\begin{array}{r}
0.7\ 5 \\
\times\ \ \ \ \ 6 \\
\hline
4.5\ \cancel{0}
\end{array}
$$

소수점 아래 오른쪽
끝자리 0은 생략하여
나타낼 수 있어요.

1단계 개념탄탄

1 0.29×4를 분수의 곱셈으로 계산해 보세요.

$$0.29 \times 4 = \frac{\boxed{}}{100} \times 4 = \frac{\boxed{} \times 4}{100}$$

$$= \frac{\boxed{}}{100} = \boxed{}$$

2 154×2를 이용하여 1.54×2를 계산해 보세요.

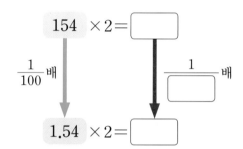

$$154 \quad \times 2 = \boxed{}$$

$\frac{1}{100}$배 $\frac{1}{\boxed{}}$배

$$1.54 \quad \times 2 = \boxed{}$$

3 0.37×5를 서로 다른 방법으로 계산하려고 합니다. ☐ 안에 알맞은 수를 써넣으세요.

방법 1 분수의 곱셈으로 계산하기

$$0.37 \times 5 = \frac{\boxed{}}{100} \times 5 = \frac{\boxed{} \times 5}{100}$$

$$= \frac{\boxed{}}{100} = \boxed{}$$

방법 2 자연수의 곱셈을 이용하여 계산하기

$$\begin{array}{r} 3\ 7 \\ \times \quad 5 \\ \hline \boxed{} \end{array} \quad \Rightarrow \quad \begin{array}{r} 0.3\ 7 \\ \times \quad 5 \\ \hline \boxed{} \end{array}$$

4 보기와 같은 방법으로 계산해 보세요.

보기

$$4.76 \times 3 = \frac{476}{100} \times 3 = \frac{476 \times 3}{100}$$

$$= \frac{1428}{100} = 14.28$$

1.38×9 _____

5 계산해 보세요.

(1) $\begin{array}{r} 5\ .1\ 3 \\ \times \quad\quad 2 \\ \hline \end{array}$ (2) $\begin{array}{r} 0\ .1\ 6 \\ \times \quad 1\ 4 \\ \hline \end{array}$

(3) 0.65×7

(4) 3.24×8

6 빈칸에 알맞은 수를 써넣으세요.

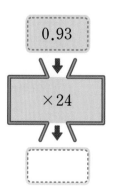

0.93

×24

3 (자연수)×(소수)를 알아봐요(1)

▶ (자연수)×(소수 한 자리 수)

재영이의 목도리 길이는 2 m이고, 태희의 목도리 길이는 재영이의
목도리 길이의 0.9배예요. 태희의 목도리 길이는 몇 m인가요?

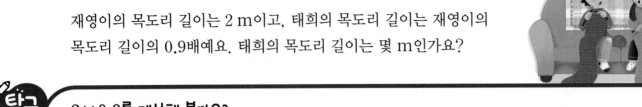

탐구 2×0.9를 계산해 볼까요?

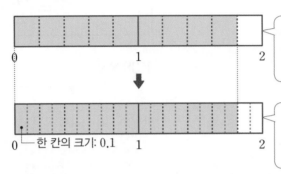

0.9는 전체를 똑같이 10으로 나눈 것 중
의 9이므로 2의 0.9배는 2를 똑같이
10칸으로 나눈 것 중의 9칸이에요.

0과 1 사이를 똑같이 10칸으로 나눈 것
중의 한 칸은 0.1이고, 2의 0.9배는
0.1이 18칸이므로 1.8이에요.

→ $2 \times 0.9 = 1.8$

🔍 4×3.2 계산하기

방법1 분수의 곱셈으로 계산하기

$3.2 = \dfrac{32}{10}$ 를 이용하여 계산

$$4 \times 3.2 = 4 \times \dfrac{32}{10} = \dfrac{4 \times 32}{10} = \dfrac{128}{10} = 12.8$$

방법2 자연수의 곱셈을 이용하여 계산하기

$$\begin{array}{r} 4 \\ \times\, 3\ 2 \\ \hline 1\ 2\ 8 \end{array} \xrightarrow{\ \frac{1}{10}\text{배}\ } \begin{array}{r} 4 \\ \times\, 3.2 \\ \hline 1\ 2.8 \end{array}$$

$\dfrac{1}{10}$배

$\dfrac{1}{10}$배

3.2는 32의 $\dfrac{1}{10}$ 배이므로 4 × 3.2는 128의 $\dfrac{1}{10}$ 배입니다.

이미지로 개념쏙

$$7 \times 2.8 = 19.6$$

$$2.8 \times 7 = 19.6$$

곱하는 수와 곱해지는 수가
바뀌어도 계산 결과는 같아요.

Tip 1보다 작은 수를 곱하면 계산 결과는 곱해지는 수보다 작아집니다.

1 계산 결과를 어림하여 알맞은 말에 ○표 하세요.

0.47×0.8은 0.47보다
(큽니다 , 작습니다).

2 0.3×1.56을 분수의 곱셈으로 계산해 보세요.

$0.3 \times 1.56 = \dfrac{\boxed{}}{10} \times \dfrac{\boxed{}}{100}$

$= \dfrac{\boxed{} \times \boxed{}}{10 \times 100}$

$= \dfrac{\boxed{}}{1000} = \boxed{}$

3 자연수의 곱셈을 이용하여 계산해 보세요.

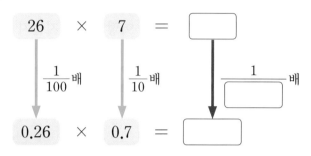

$$\begin{array}{r} 3\ 2 \\ \times\ 1\ 3 \\ \hline 4\ 1\ 6 \end{array}$$

$\xrightarrow{\frac{1}{10}배}$ 3.2

$$\begin{array}{r} 3.2 \\ \times\ 1\ 3 \\ \hline \boxed{} \end{array}$$

$\xrightarrow{\frac{1}{100}배}$

$$\begin{array}{r} 3.2 \\ \times\ 0.1\ 3 \\ \hline \boxed{} \end{array}$$

4 26×7을 이용하여 0.26×0.7을 계산해 보세요.

$26 \times 7 = \boxed{}$

$\frac{1}{100}$배 $\quad \frac{1}{10}$배 $\quad \boxed{}\ \frac{1}{\boxed{}}$배

$0.26 \times 0.7 = \boxed{}$

5 계산해 보세요.

(1)
$$\begin{array}{r} 0.1\ 7 \\ \times\quad 8.5 \\ \hline \end{array}$$

(2)
$$\begin{array}{r} 2.3 \\ \times\ 4.6\ 4 \\ \hline \end{array}$$

(3) 0.65×0.4

(4) 3.7×2.05

6 빈칸에 두 수의 곱을 써넣으세요.

| 3.07 | 0.6 | |

곱의 소수점 위치를 알아봐요

사탕 한 개의 무게는 2.45 g이에요. 사탕의 개수에 따라
사탕의 무게가 어떻게 달라지는지 규칙을 생각해 볼까요?

탐구 **자연수와 소수의 곱셈에서 곱의 소수점 위치의 규칙을 찾아볼까요?**

개념 동영상

소수에 1, 10, 100, 1000 곱하기

$$2.45 \times 1 = 2.45$$
$$2.45 \times 10 = 24.5$$
$$2.45 \times 100 = 245$$
$$2.45 \times 1000 = 2450$$

곱하는 수가 10배 될 때마다 곱의 소수점
위치가 오른쪽으로 한 자리씩 옮겨집니다.

자연수에 1, 0.1, 0.01, 0.001 곱하기

$$2450 \times 1 = 2450$$
$$2450 \times 0.1 = 245$$
$$2450 \times 0.01 = 24.5$$
$$2450 \times 0.001 = 2.45$$

곱하는 수가 $\frac{1}{10}$배 될 때마다 곱의 소수점
위치가 왼쪽으로 한 자리씩 옮겨집니다.

🔍 **소수끼리의 곱셈에서 곱의 소수점 위치의 규칙 찾기**

$$0.6 \quad \times \quad 0.8 \quad = \quad 0.48$$
(소수 **한** 자리 수) × (소수 **한** 자리 수) = (소수 **두** 자리 수)

$$0.06 \quad \times \quad 0.8 \quad = \quad 0.048$$
(소수 **두** 자리 수) × (소수 **한** 자리 수) = (소수 **세** 자리 수)

$$0.06 \quad \times \quad 0.08 \quad = \quad 0.0048$$
(소수 **두** 자리 수) × (소수 **두** 자리 수) = (소수 **네** 자리 수)

곱하는 두 수의 소수점 아래 자리 수를
더한 것과 곱의 소수점 아래 자리 수가
같습니다.

소수 ■ 자리 수
× 소수 ▲ 자리 수
─────────────
소수 (■+▲) 자리 수

1 ☐ 안에 알맞은 수를 써넣으세요.

(1) $0.43 \times 10 = 4.3$

$0.43 \times 100 = $ ☐

$0.43 \times 1000 = $ ☐

(2) $25 \times 0.1 = 2.5$

$25 \times 0.01 = $ ☐

$25 \times 0.001 = $ ☐

2 계산해 보세요.

$7 \times 8 = $ ☐

$0.7 \times 8 = $ ☐

$0.7 \times 0.8 = $ ☐

$0.07 \times 0.8 = $ ☐

3 계산 결과에 맞게 소수점을 찍어야 할 곳을 찾아 기호를 써 보세요.

$$945 \times 0.01 = \underset{\text{㉠}}{\uparrow} 9 \underset{\text{㉡}}{\uparrow} 4 \underset{\text{㉢}}{\uparrow} 5 \underset{\text{㉣}}{\uparrow}$$

( )

4 빈칸에 알맞은 수를 써넣으세요.

(1)

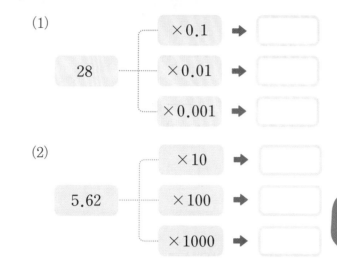

28 — $\times 0.1$ ➡ ☐

$\times 0.01$ ➡ ☐

$\times 0.001$ ➡ ☐

(2)

5.62 — $\times 10$ ➡ ☐

$\times 100$ ➡ ☐

$\times 1000$ ➡ ☐

5 보기 를 보고 ☐ 안에 알맞은 수를 써넣으세요.

보기

$36 \times 42 = 1512$

(1) $3.6 \times 42 = $ ☐

(2) $0.36 \times 4.2 = $ ☐

6 계산 결과가 같은 것끼리 이어 보세요.

851×0.01 ·

8.51×10 ·

· 8510×0.1

· 0.851×100

· 8510×0.001

2단계 유형별 실력쑥쑥

유형 1 (소수 한 자리 수)×(소수 한 자리 수)

빈칸에 알맞은 수를 써넣으세요.

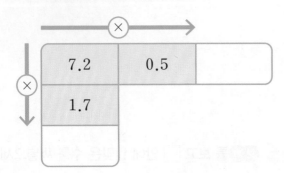

0.8	0.9	
4.6	5.3	

$$\begin{array}{r} 0.2 \quad \text{소수 한 자리 수} \\ \times\ 0.4 \quad \text{소수 한 자리 수} \\ \hline 0.08 \quad \text{소수 두 자리 수} \end{array}$$

01 빈칸에 알맞은 수를 써넣으세요.

7.2	0.5	
1.7		

02 잘못 계산한 곳을 찾아 ○표 하고, 바르게 계산해 보세요.

$$4.8 \times 0.6 = \frac{48}{10} \times \frac{6}{10} = \frac{48 \times 6}{10}$$
$$= \frac{288}{10} = 28.8$$

↓

바르게 계산하기

03 ○ 안에 >, =, <를 알맞게 써넣으세요.

$$2.3 \times 0.8 \bigcirc 2.4 \times 0.8$$

04 1.6×2.2를 서로 다른 방법으로 계산해 보세요.

방법 1

방법 2

→ 바른답·알찬풀이 **37**쪽

유형 2 소수 두 자리 수와 소수 한 자리 수의 곱

빈칸에 두 수의 곱을 써넣으세요.

(1)
0.43	0.5

(2)
2.1	1.82

```
  0.2 1   소수 두 자리 수
×   0.8   소수 한 자리 수
─────────
0.1 6 8   소수 세 자리 수

    0.8   소수 한 자리 수
× 0.2 1   소수 두 자리 수
─────────
0.1 6 8   소수 세 자리 수
```

4 단원

05 계산 결과가 2.68보다 작은 것을 모두 찾아 ○표 하세요.

2.68×0.8	2.68×2.1
2.68×1.5	2.68×0.4

07 빈칸에 알맞은 수를 써넣으세요.

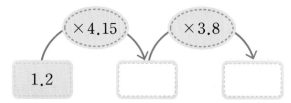

06 계산 결과를 찾아 이어 보세요.

0.89×1.4 •　　　　• 0.816

0.3×2.72 •　　　　• 1.246

서술형
08 가장 큰 수와 가장 작은 수의 곱을 구하려고 합니다. 풀이 과정을 쓰고, 답을 구해 보세요.

2.5	0.54	3.16	7.2

풀이 _____

_____

_____

_____

답 _____

4. 소수의 곱셈 **121**

유형 3 곱의 소수점 위치

빈칸에 알맞은 수를 써넣으세요.

×	8	0.8	0.08	0.008
4				

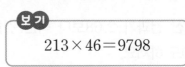

$742 × 0.1 = 74.2$
$742 × 0.01 = 7.42$
$742 × 0.001 = 0.742$

곱하는 수의 소수점 아래 자리 수만큼
소수점을 왼쪽으로 이동

09 $62 × 93 = 5766$입니다. 계산 결과를 찾아 이어 보세요.

$6.2 × 9.3$ •　　　• 0.5766

$0.62 × 9.3$ •　　　• 5.766

$0.62 × 0.93$ •　　　• 57.66

10 계산 결과가 <u>다른</u> 친구의 이름을 써 보세요.

0.01과 460의 곱이에요.

460의 0.001배예요.

46의 0.1배예요.

수빈　　　재희　　　시우

(　　　　　　　　)

11 보기 를 보고 ☐ 안에 알맞은 수를 써넣으세요.

보기
$213 × 46 = 9798$

(1) $21.3 × ☐ = 9.798$

(2) $☐ × 460 = 97.98$

12 ☐ 안에 알맞은 수가 <u>다른</u> 것을 찾아 기호를 써 보세요.

㉠ $3.2 × ☐ = 320$

㉡ $☐ × 0.571 = 57.1$

㉢ $7.45 × ☐ = 745$

㉣ $☐ × 802 = 80.2$

(　　　　　　　　)

→ 바른답·알찬풀이 37쪽

유형 4 소수의 곱셈의 활용

넓이가 $1 \, m^2$인 벽을 칠하는 데 페인트가 $0.4 \, L$ 필요합니다. 넓이가 $2.9 \, m^2$인 벽을 칠하는 데 필요한 페인트는 몇 L인가요?

식 _____

답 _____ L

$1 \, m^2$인 벽을 칠하는 데 필요한 페인트의 양: ■ L

↓

▲ m^2인 벽을 칠하는 데 필요한 페인트의 양: (■ × ▲) L

13 화성에서 잰 가방의 무게는 지구에서 잰 가방의 무게의 약 0.38배입니다. 지구에서 잰 가방의 무게가 $4.6 \, kg$일 때 화성에서 잰 가방의 무게는 약 몇 kg인가요?

식 _____

답 _____ kg

14 밑변이 $0.67 \, m$, 높이가 $0.9 \, m$인 평행사변형의 넓이는 몇 m^2인가요?

식 _____

답 _____ m^2

15 은호는 한 개에 $30.45 \, g$인 초콜릿 10개와 한 개에 $6.2 \, g$인 젤리 100개를 샀습니다. 은호가 산 초콜릿과 젤리는 각각 몇 g인가요?

초콜릿 (_____) g

젤리 (_____) g

서술형

16 색칠한 부분의 넓이는 몇 km^2인지 풀이 과정을 쓰고, 답을 구해 보세요.

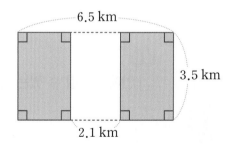

풀이 _____

_____

_____

_____

답 _____ km^2

응용유형 1 □ 안에 들어갈 수 있는 수 구하기

문제해결 추론

1부터 9까지의 수 중에서 □ 안에 들어갈 수 있는 수를 모두 구해 보세요.

$$6 \times 1.43 < 8.\square$$

(1) 6×1.43을 계산해 보세요.

( )

(2) □ 안에 들어갈 수 있는 수를 모두 구해 보세요.

( )

1-1 유사

0부터 9까지의 수 중에서 □ 안에 들어갈 수 있는 수는 모두 몇 개인가요?

$$2.5 \times 0.97 > 2.4\square 6$$

( )개

1-2 변형

□ 안에 들어갈 수 있는 자연수를 모두 구해 보세요.

$$2.36 \times 5.5 > 3.1 \times \square$$

( )

응용유형 2 튀어 오른 공의 높이 구하기

떨어진 높이의 0.9배만큼 튀어 오르는 공을 80 cm 높이에서 떨어뜨렸습니다. 이 공이 두 번째로 튀어 오른 높이는 몇 cm인지 구해 보세요.

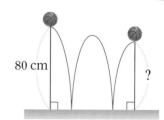

80 cm

?

(1) 공이 첫 번째로 튀어 오른 높이는 몇 cm인가요?

(   ) cm

(2) 공이 두 번째로 튀어 오른 높이는 몇 cm인가요?

(   ) cm

4

단원

공부한 날

월

일

유사

2-1 떨어진 높이의 0.75배만큼 튀어 오르는 공을 4 m 높이에서 떨어뜨렸습니다. 이 공이 두 번째로 튀어 오른 높이는 몇 m인가요?

(   ) m

변형

2-2 떨어진 높이의 0.5배만큼 튀어 오르는 공을 0.76 m 높이에서 떨어뜨렸습니다. 이 공이 첫 번째로 튀어 오른 높이와 세 번째로 튀어 오른 높이의 차는 몇 m인가요?

(   ) m

응용유형 3   시간을 소수로 나타내어 문제 해결하기

1 km를 가는 데 0.08 L의 휘발유를 사용하는 자동차가 있습니다. 이 자동차로 한 시간에 75 km를 일정하게 가는 빠르기로 2시간 42분 동안 갔다면 사용한 휘발유는 몇 L인지 구해 보세요.

(1) 한 시간 동안 사용하는 휘발유는 몇 L인가요?

(   ) L

(2) 2시간 42분은 몇 시간인지 소수로 나타내 보세요.

(   )시간

(3) 2시간 42분 동안 사용한 휘발유는 몇 L인가요?

(   ) L

3-1   유사
1 km를 가는 데 0.15 L의 휘발유를 사용하는 자동차가 있습니다. 이 자동차로 한 시간에 88 km를 일정하게 가는 빠르기로 4시간 24분 동안 갔다면 사용한 휘발유는 몇 L인가요?

(   ) L

3-2   변형
1분에 0.55 L의 물이 나오는 수도꼭지가 있습니다. 이 수도꼭지 10개로 18분 12초 동안 쉬지 않고 물을 받았다면 받은 물은 모두 몇 L인지 구해 보세요.

(   ) L

초6-2 미리보기

어떤 자동차가 1 km를 가는 데 휘발유 0.1 L를 사용합니다. 이 자동차로 23 km를 가는 데 사용하는 휘발유의 양은 ● L입니다.

┌─ 외항 ─┐
1 : 0.1 = 23 : ●
└ 내항 ┘

1 × ● = 0.1 × 23 ➡ ● = ☐

답 2.3

비율이 같은 두 비를 기호 '='를 사용하여 나타낸 식을 비례식이라고 해요. 비례식에서 외항의 곱과 내항의 곱은 같아요.

→ 바른답·알찬풀이 **38**쪽

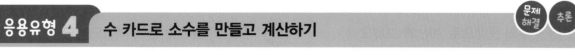 

응용유형 4 수 카드로 소수를 만들고 계산하기

4장의 수 카드를 한 번씩만 이용하여 가장 큰 소수와 가장 작은 소수의 곱셈식을 만들고, 계산해 보세요.

4 2 7 6 ➡ ☐.☐ × ☐.☐ = ☐☐☐☐

(1) 가장 큰 소수 한 자리 수와 가장 작은 소수 한 자리 수를 만들어 보세요.

가장 큰 소수 한 자리 수 (   )

가장 작은 소수 한 자리 수 (   )

(2) 가장 큰 소수와 가장 작은 소수의 곱셈식을 만들고, 계산해 보세요.

☐.☐ × ☐.☐ = ☐☐☐☐

4
단원

공부한 날

월

일

유사

4-1 4장의 수 카드를 한 번씩만 이용하여 가장 큰 소수와 가장 작은 소수의 곱셈식을 만들고, 계산해 보세요.

0 8 2 5 ➡ 0.☐☐ × 0.☐☐ = ☐☐☐☐

변형

4-2 4장의 수 카드를 한 번씩만 이용하여 곱이 가장 큰 곱셈식을 만들고, 계산해 보세요.

3 9 4 5 ➡ ☐.☐ × ☐.☐ = ☐☐☐☐

4. 소수의 곱셈

01 5×3.9를 분수의 곱셈으로 계산해 보세요.

$$5 \times 3.9 = 5 \times \frac{\boxed{}}{10} = \frac{5 \times \boxed{}}{10}$$

$$= \frac{\boxed{}}{10} = \boxed{}$$

02 7×124를 이용하여 7×1.24를 계산해 보세요.

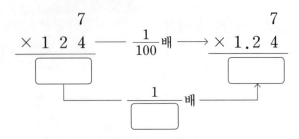

03 빈칸에 알맞은 수를 써넣으세요.

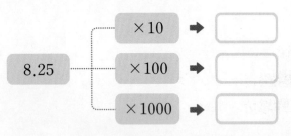

중요

04 계산 결과에 맞게 소수점을 찍어야 할 곳을 찾아 기호를 써 보세요.

$$436 \times 0.001 = \quad 4 \ 3 \ 6$$
$$\uparrow \ \uparrow \ \uparrow \ \uparrow$$
$$㉠ \ ㉡ \ ㉢ \ ㉣$$

(   )

05 두 수의 곱을 빈칸에 써넣으세요.

9.5	3.6

06 보기와 같은 방법으로 계산해 보세요.

보기

$$1.2 \times 0.8 = \frac{12}{10} \times \frac{8}{10} = \frac{12 \times 8}{10 \times 10}$$
$$= \frac{96}{100} = 0.96$$

4.5×0.5

_____

07 계산 결과가 9.5보다 큰 것을 모두 찾아 ○표 하세요.

$9.5 \times 0.4 \qquad 9.5 \times 1.6$

$9.5 \times 3.1 \qquad 9.5 \times 0.9$

08 $28 \times 44 = 1232$를 이용하여 □ 안에 알맞은 수를 구해 보세요.

$$2.8 \times \boxed{} = 1.232$$

(   )

09 계산 결과가 같은 것끼리 이어 보세요.

653×0.01 ·

0.653×100 ·

· 6.53×10

· 6530×0.001

· 65.3×100

중요

10 빈칸에 알맞은 수를 써넣으세요.

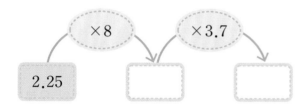

$\times 8$ $\times 3.7$

2.25

11 어림한 계산 결과가 6보다 작은 것을 찾아 기호를 써 보세요.

㉠ 0.76×9

㉡ 3×2.14

㉢ 1.8×2.9

(   )

12 한 변이 5.8 cm인 정육각형의 둘레는 몇 cm 인가요?

식 _____

답 _____ cm

13 가장 큰 수와 가장 작은 수의 곱을 구해 보세요.

| 8.6 | 10.47 | 6.09 | 3.3 |

(   )

14 ○ 안에 >, =, <를 알맞게 써넣으세요.

3.05×4.2 ○ 2.3×5.6

응용

15 □ 안에 알맞은 수가 가장 큰 것을 찾아 기호를 써 보세요.

㉠ $154 \times □ = 15.4$

㉡ $□ \times 100 = 6.2$

㉢ $2.8 \times □ = 280$

(   )

16 한 시간을 켜 놓는 데 0.3 L의 물을 사용하는 가습기가 있습니다. 이 가습기를 3시간 48분 동안 켰다면 사용한 물은 몇 L인가요?

(   ) L

17 6.28 m의 간격으로 나무 7그루를 심었습니다. 첫 번째 나무와 일곱 번째 나무 사이의 거리는 몇 m인가요? (단, 나무의 폭은 생각하지 않습니다.)

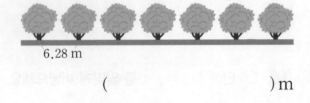

6.28 m

(   ) m

응용
18 4장의 수 카드를 한 번씩만 이용하여 곱이 가장 큰 곱셈식을 만들고, 계산해 보세요.

| 6 | 5 | 8 | 4 |

➡ ☐.☐ × ☐.☐ = ☐

서술형 문제

19 0부터 9까지의 수 중에서 ☐ 안에 들어갈 수 있는 수는 모두 몇 개인지 풀이 과정을 쓰고, 답을 구해 보세요.

$$8.6 \times 5.2 < 44.\boxed{}1$$

풀이 _____

_____

_____

답 _____ 개

중요
20 떨어진 높이의 0.65배만큼 튀어 오르는 공을 6 m 높이에서 떨어뜨렸습니다. 이 공이 두 번째로 튀어 오른 높이는 몇 m인지 풀이 과정을 쓰고, 답을 구해 보세요.

풀이 _____

_____

_____

답 _____ m

점수

점

한 문항당 배점은 5점입니다.

➡ 바른답·알찬풀이 **41** 쪽

01 전체 크기가 1인 모눈종이를 보고 ☐ 안에 알맞은 수를 써넣으세요.

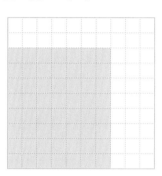

$$0.7 \times 0.8 = \boxed{}$$

02 0.33×5를 분수의 곱셈으로 계산해 보세요.

$$0.33 \times 5 = \frac{\boxed{}}{100} \times 5 = \frac{\boxed{} \times 5}{100}$$

$$= \frac{\boxed{}}{100} = \boxed{}$$

03 9×24를 이용하여 0.9×0.24를 계산해 보세요.

9 × 24 = ☐

$\frac{1}{10}$배 $\frac{1}{100}$배 $\frac{1}{}$배

0.9 × 0.24 = ☐

04 빈칸에 알맞은 수를 써넣으세요.

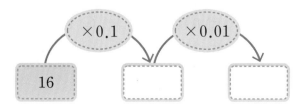

05 보기와 같은 방법으로 계산해 보세요.

보기
$$\begin{array}{r} 3.2 \\ \times\ 1\ 9 \\ \hline 2\ 8\ 8 \\ 3\ 2 \\ \hline 6\ 0.8 \end{array}$$

$$\begin{array}{r} 1.4 \\ \times\ 2\ 6 \\ \hline \end{array}$$

중요

06 $49 \times 82 = 4018$입니다. 계산 결과를 찾아 이어 보세요.

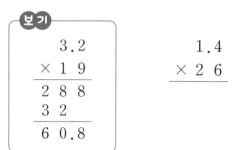

4.9×8.2	•	•	4.018
49×8.2	•	•	40.18
4.9×0.82	•	•	401.8

07 빈칸에 알맞은 수를 써넣으세요.

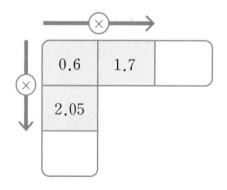

08 12×0.47을 잘못 계산했습니다. 바르게 계산해 보세요.

$$12 \times 0.47 = 12 \times \frac{47}{10} = \frac{12 \times 47}{10}$$
$$= \frac{564}{10} = 56.4$$

➡ _____

4
단원

공부한 날

월

일

09 보기를 보고 □ 안에 알맞은 수를 써넣으세요.

> **보기**
> $$68 \times 86 = 5848$$

➡ □ $\times 8.6 = 5.848$

10 가로가 5.5 cm, 세로가 2.6 cm인 직사각형의 넓이는 몇 cm²인가요?

식 _____

답 _____ cm²

중요

11 3.8×0.91을 서로 다른 방법으로 계산해 보세요.

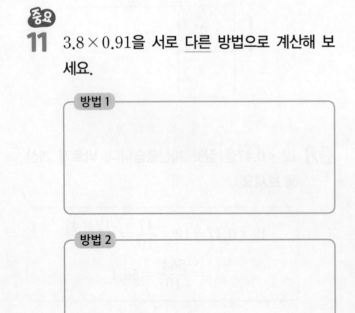

> 방법 1
>
>
> 방법 2

12 친구들에게 나누어 주려고 한 병에 0.782 kg인 음료수 100병을 준비했습니다. 준비한 음료수의 무게는 몇 kg인가요?

( ) kg

13 어림한 계산 결과가 16보다 큰 것을 찾아 기호를 써 보세요.

> ㉠ 32의 0.45배
> ㉡ 2.03×8.1
> ㉢ 3.96과 4의 곱

( )

응용

14 □ 안에 들어갈 수 있는 자연수를 모두 구해 보세요.

> $6.3 \times 9 < □ < 210 \times 0.28$

( )

15 계산 결과가 큰 것부터 차례로 기호를 써 보세요.

> ㉠ 0.8×15 ㉡ 1.21×14
> ㉢ 21×0.75 ㉣ 1.6×11.2

( )

16 4장의 수 카드를 한 번씩만 이용하여 가장 큰 소수와 가장 작은 소수의 곱셈식을 만들고, 계산해 보세요.

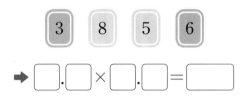

➡ □.□ × □.□ = □

응용

17 색칠한 부분의 넓이는 몇 m²인지 구해 보세요.

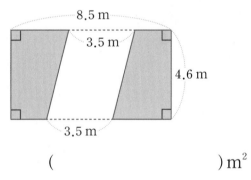

(   ) m²

18 밀가루 5 kg의 0.34배만큼은 빵을 만드는 데 사용하고, 0.68 kg은 수제비를 만드는 데 사용했습니다. 사용하고 남은 밀가루는 몇 kg 인가요?

(   ) kg

서술형 문제

19 다음이 나타내는 두 수의 곱을 구하려고 합니다. 풀이 과정을 쓰고, 답을 구해 보세요.

∨	∨
10이 1개, 1이 2개, 0.1이 7개인 수	1이 4개, 0.1이 6개, 0.01이 9개인 수

풀이 _____

_____

_____

답 _____

중요

20 1 km를 가는 데 0.17 L의 휘발유를 사용하는 자동차가 있습니다. 이 자동차로 한 시간에 85 km를 일정하게 가는 빠르기로 3시간 6분 동안 갔다면 사용한 휘발유는 몇 L인지 풀이 과정을 쓰고, 답을 구해 보세요.

풀이 _____

_____

_____

_____

답 _____ L

4 단원

공부한 날

월

일

5

직육면체

무엇을 배울까요?

단원의 공부 계획을 세우고,
공부한 내용을 얼마나 이해했는지 스스로 평가해 보세요.

☆☆☆ 자신있게 설명할 수 있어요.　　☆☆ 설명하기 조금 힘들어요.　　☆ 어려워서 설명할 수 없어요.

1 직육면체를 알아봐요 / 정육면체를 알아봐요

주변에서 사각형으로만 둘러싸인 입체도형 모양의 상자를 살펴볼까요?

 탐구 **직육면체와 정육면체를 알아볼까요?**

개념 동영상

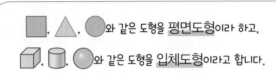, , 와 같은 도형을 평면도형이라 하고,
, , 와 같은 도형을 입체도형이라고 합니다.

가  나 다  라

➡ 직사각형으로만 둘러싸인 모양의 물건은 가, 나, 다입니다.
➡ 정사각형으로만 둘러싸인 모양의 물건은 나입니다.

직사각형 6개로 둘러싸인 입체도형을 직육면체라고 합니다.
정사각형 6개로 둘러싸인 입체도형을 정육면체라고 합니다.

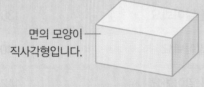
면의 모양이 직사각형입니다.

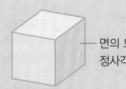
면의 모양이 정사각형입니다.

직육면체에서 선분으로 둘러싸인 부분을 면이라 하고, 면과 면이 만나는 선분을 모서리라고 합니다. 또, 모서리와 모서리가 만나는 점을 꼭짓점이라고 합니다.

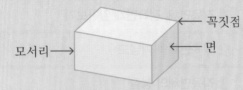
꼭짓점
모서리
면

이미지로 개념 콕

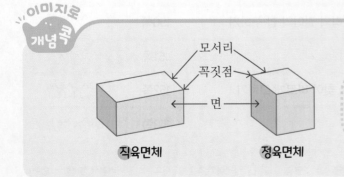
모서리
꼭짓점
면
직육면체
정육면체

같은 점	다른 점
6개의 면이 모두 직사각형입니다.	정육면체는 모든 모서리의 길이가 같습니다.

└ 정사각형은 직사각형이라고 할 수 있습니다.

→ 바른답·알찬풀이 **42**쪽

1단계 개념탄탄

1 도형을 보고 □ 안에 알맞은 기호를 써넣으세요.

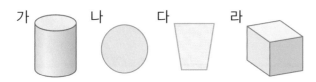

가　나　다　라

(1) 평면도형을 모두 찾으면 □, □입니다.

(2) 입체도형을 모두 찾으면 □, □입니다.

2 도형을 보고 □ 안에 알맞은 수나 말을 써넣으세요.

(1)

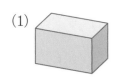

직사각형 □개로 둘러싸인 입체도형을 □(이)라고 합니다.

(2)

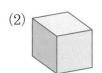

정사각형 □개로 둘러싸인 입체도형을 □(이)라고 합니다.

3 직육면체를 보고 □ 안에 각 부분의 이름을 써넣으세요.

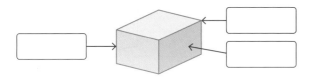

4 정육면체를 찾아 ○표 하세요.

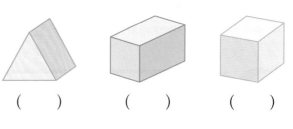

(　　)　　　(　　)　　　(　　)

5 직육면체를 모두 찾아 기호를 써 보세요.

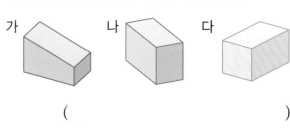

가　　　나　　　다

(　　　　　　　　　　)

6 직육면체에 대해 잘못 설명한 친구를 찾아 이름을 써 보세요.

성진: 모서리와 모서리가 만나는 점을 꼭짓점이라고 해요.

윤하: 면과 면이 만나는 선분을 모서리라고 해요.

은율: 직육면체를 둘러싸는 도형은 삼각형이에요.

(　　　　　　　　　　)

2 직육면체의 겨냥도를 알아봐요

직육면체를 그림으로 나타내기 위해 직육면체의 모양을
여러 방향에서 관찰해 볼까요?

직육면체를 관찰해 볼까요?

개념 동영상

보이는 면이 2개

보이는 면이 1개

보이는 면이 3개

직육면체
모양이 잘
나타나요.

직육면체 모양을 잘 알 수 있도록 하기 위해 보이는 모서리는 실선으로, 보이지 않는 모서리는 점선으로 그립니다. 이와 같이 나타낸 그림을 직육면체의 겨냥도라고 합니다.

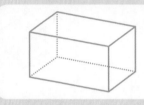 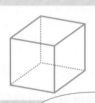

직육면체의 면,
모서리, 꼭짓점은……

직육면체의 겨냥도를 그리고 살펴보기

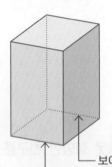

면의 수(개)		모서리의 수(개)		꼭짓점의 수(개)	
보이는 면	보이지 않는 면	보이는 모서리	보이지 않는 모서리	보이는 꼭짓점	보이지 않는 꼭짓점
3	3	9	3	7	1

➡ 직육면체의 면은 6개, 모서리는 12개, 꼭짓점은 8개입니다.

└─ 보이지 않는 모서리: 점선으로 그리기
└─ 보이는 모서리: 실선으로 그리기

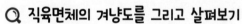
이미지로 개념 콕

직육면체의 겨냥도는 보이는 모서리는 실선(——), 보이지 않는 모서리는 점선(……)으로 그립니다.

보이는 모서리이므로
실선으로 그립니다.
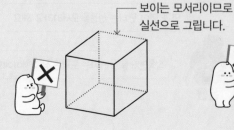

보이지 않는 모서리이므로
점선으로 그립니다.

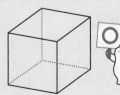

→ 바른답·알찬풀이 **42**쪽

1단계 개념탄탄

1 직육면체의 모양을 잘 알 수 있도록 하기 위해 다음과 같이 나타낸 그림을 무엇이라고 하나요?

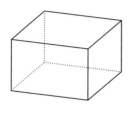

직육면체의 [　　　]

2 직육면체의 겨냥도를 보고 □ 안에 알맞은 말을 써넣으세요.

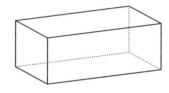

직육면체의 겨냥도를 그릴 때 보이는 모서리는 [　　　](으)로, 보이지 않는 모서리는 [　　　](으)로 그립니다.

3 정육면체의 겨냥도를 바르게 그린 것을 찾아 ○표 하세요.

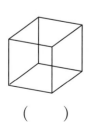 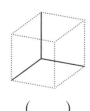 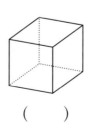

(　)　　(　)　　(　)

4 직육면체를 보고 □ 안에 알맞은 수를 써넣으세요.

면의 수: [　]개

모서리의 수: [　]개

꼭짓점의 수: [　]개

5 빠진 부분을 그려 직육면체의 겨냥도를 완성해 보세요.

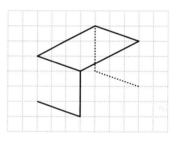

6 정육면체를 보고 표를 완성해 보세요.

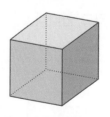

보이는 면의 수(개)	
보이지 않는 면의 수(개)	

→ 바른답·알찬풀이 **46**쪽

응용유형 4　**조건을 만족하는 전개도**

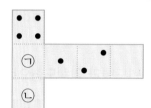

오른쪽은 정육면체 모양 주사위의 전개도입니다. 서로 평행한 면에 있는 눈의 수의 합이 7일 때 면 ㉠과 면 ㉡에 알맞은 눈의 수의 합을 구해 보세요.

(1) 면 ㉠과 면 ㉡에 알맞은 눈의 수를 각각 구해 보세요.

　㉠ (　　　　　　　　), ㉡ (　　　　　　　　)

(2) 면 ㉠과 면 ㉡에 알맞은 눈의 수의 합을 구해 보세요.

(　　　　　　　　)

유사

4-1

평행한 면의 색깔이 서로 같은 정육면체의 전개도를 그리려고 합니다. 전개도를 완성하고, 각각의 면에 알맞게 색칠해 보세요.

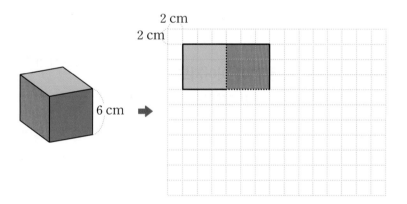

변형

4-2

정육면체 1개를 여러 방향에서 관찰한 것과 그 전개도입니다. 전개도의 각각의 면에 알맞은 그림을 그려 보세요.

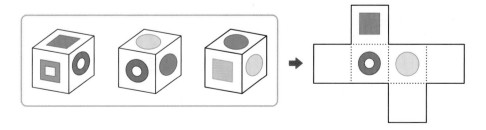

5. 직육면체

[01~02] 도형을 보고 물음에 답하세요.

가   나   다   라

01 평면도형과 입체도형으로 분류해 보세요.

평면도형	입체도형

02 직육면체를 모두 찾아 기호를 써 보세요.

( )

03 그림과 같이 직육면체의 모든 면이 이어지도록 모서리를 잘라서 평면 위에 펼친 그림을 무엇이라고 하나요?

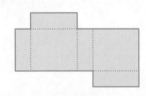

직육면체의 ( )

04 직육면체의 겨냥도를 바르게 그린 것에 ○표 하세요.

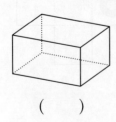 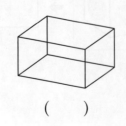

( )   ( )

05 직육면체를 보고 ☐ 안에 알맞은 수를 써넣으세요.

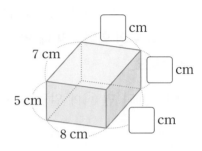

7 cm
5 cm
8 cm
☐ cm
☐ cm
☐ cm

06 직육면체에서 보이는 꼭짓점과 보이지 않는 꼭짓점의 수를 각각 구해 보세요.

보이는 꼭짓점의 수 ( )개
보이지 않는 꼭짓점의 수 ( )개

[07~08] 직육면체를 보고 물음에 답하세요.

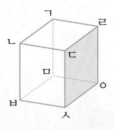

07 색칠한 면과 평행한 면을 찾아 써 보세요.

( )

중요
08 색칠한 면과 수직인 면을 모두 찾아 써 보세요.

_____

_____

→ 바른답·알찬풀이 47쪽

09 정육면체의 전개도를 완성해 보세요.

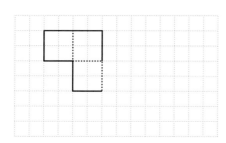

10 직육면체의 전개도를 그린 것입니다. ☐ 안에 알맞은 수를 써넣으세요.

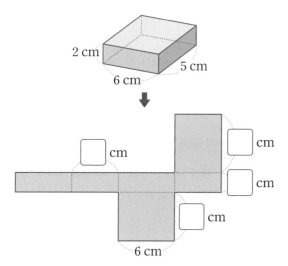

11 오른쪽 직육면체의 전개도 를 그려 보세요.

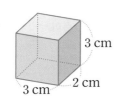

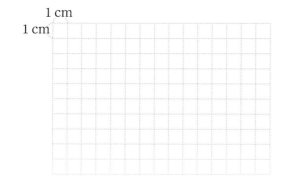

12 바르게 설명한 것을 찾아 기호를 써 보세요.

> ㉠ 정육면체의 모서리는 모두 8개입니다.
> ㉡ 직육면체의 한 꼭짓점에서 만나는 면은 모두 4개입니다.
> ㉢ 정육면체는 직육면체라고 할 수 있습니다.

( )

13 직육면체의 겨냥도에서 잘못된 부분을 찾아 바르게 그려 보세요.

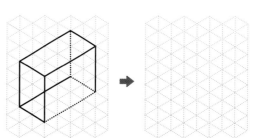

[14~15] 다음 전개도를 접어서 정육면체를 만들었습니다. 물음에 답하세요.

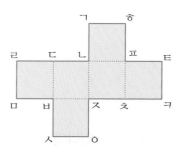

14 선분 ㄱㅎ과 겹치는 선분을 찾아 써 보세요.

( )

15 점 ㅋ과 겹치는 점을 모두 찾아 써 보세요.

( )

중요

16 정육면체의 전개도를 모두 찾아 기호를 써 보세요.

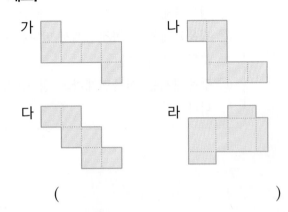

가   나

다   라

(   )

응용

17 직육면체에서 색칠한 면과 평행한 면을 그리고, 그린 면의 둘레는 몇 cm인지 구해 보세요.

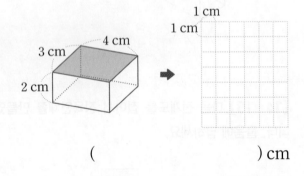

(   ) cm

18 정육면체의 전개도입니다. 서로 평행한 면에 적힌 수의 합이 7일 때 빈칸에 알맞은 수를 써 넣으세요.

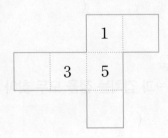

서술형 문제

19 다음 도형이 정육면체가 <u>아닌</u> 이유를 써 보세요.

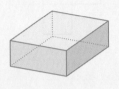

이유 _____

_____

_____

20 직육면체에서 보이지 않는 모서리의 길이의 합은 몇 cm인지 풀이 과정을 쓰고, 답을 구해 보세요.

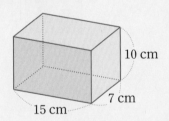

10 cm

7 cm

15 cm

풀이 _____

_____

_____

_____

답 _____ cm

점수

점

한 문항당 배점은 5점입니다.

➜ 바른답·알찬풀이 **48**쪽

01 □ 안에 각 부분의 이름을 써넣으세요.

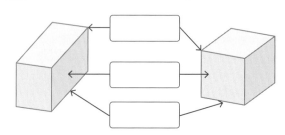

[02~03] 입체도형을 보고 물음에 답하세요.

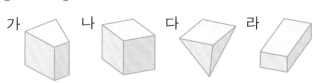

가   나   다   라

02 직육면체를 모두 찾아 기호를 써 보세요.

(   )

03 정육면체를 찾아 기호를 써 보세요.

(   )

중요
04 직육면체를 보고 표를 완성해 보세요.

면의 수(개)	
모서리의 수(개)	
꼭짓점의 수(개)	

05 빠진 부분을 그려 직육면체의 겨냥도를 완성해 보세요.

06 오른쪽 직육면체에서 색칠한 면에 수직인 면은 모두 몇 개인가요?

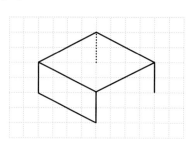

(   )개

5
단원

공부한 날

월

일

[07~08] 다음 전개도를 접어서 직육면체를 만들었습니다. 물음에 답하세요.

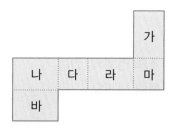

07 면 나가 밑면일 때 다른 밑면을 찾아 써 보세요.

(   )

08 면 다와 수직인 면을 모두 찾아 써 보세요.

(   )

[09~10] 직육면체를 보고 물음에 답하세요.

09 직육면체의 밑면이 될 수 있는 두 면은 모두 몇 쌍인가요?

(   )쌍

10 ○ 안에 >, =, <를 알맞게 써넣으세요.

| 보이지 않는 면의 수 | ○ | 보이는 꼭짓점의 수 |

중요

11 직육면체의 전개도를 찾아 기호를 써 보세요.

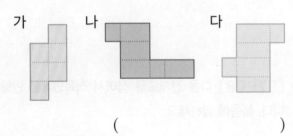

가   나   다

(   )

12 오른쪽 직육면체의 전개도를 완성해 보세요.

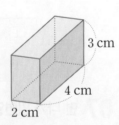

3 cm
4 cm
2 cm

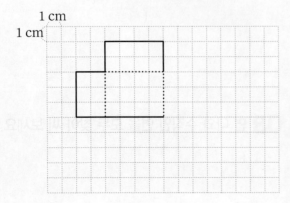

1 cm
1 cm

13 정육면체의 전개도를 접었을 때 점 ㄱ과 겹치는 점을 모두 고르세요. (   )

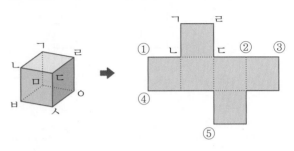

14 직육면체에서 색칠한 두 면에 동시에 수직인 면을 모두 찾아 써 보세요.

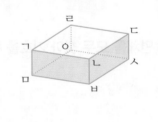

(   )

응용

15 한 모서리가 4 cm인 정육면체의 전개도를 두 가지로 그려 보세요.

2 cm
2 cm

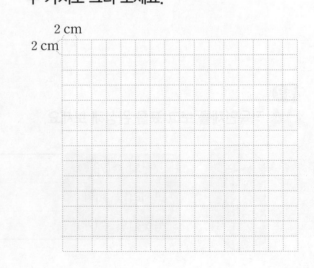

중요

16 전개도를 접었을 때 면 가와 면 바가 서로 수직인 전개도의 기호를 써 보세요.

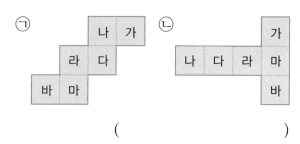

(   )

17 다음은 전개도를 <u>잘못</u> 그린 것입니다. 면을 1개만 옮겨서 전개도를 바르게 그려 보세요.

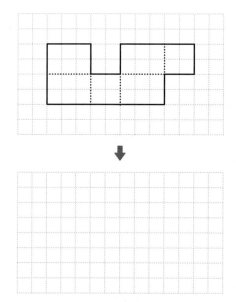

18 보이는 모서리의 길이의 합이 27 cm인 정육면체의 모든 모서리의 길이의 합은 몇 cm인지 구해 보세요.

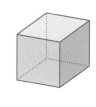

(   ) cm

서술형 문제

19 직육면체와 정육면체의 같은 점과 다른 점을 한 가지씩 써 보세요.

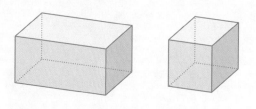

같은 점 _____

_____

다른 점 _____

_____

응용

20 직육면체에서 색칠한 면이 밑면일 때 두 밑면의 넓이의 합은 몇 cm²인지 풀이 과정을 쓰고, 답을 구해 보세요.

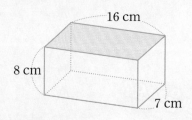

풀이 _____

_____

_____

_____

답 _____ cm²

공부한 날

월

일

6
평균과 가능성

 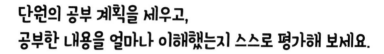

단원의 공부 계획을 세우고,
공부한 내용을 얼마나 이해했는지 스스로 평가해 보세요.

☆☆☆ 자신있게 설명할 수 있어요.   ☆☆ 설명하기 조금 힘들어요.   ☆ 어려워서 설명할 수 없어요.

1 평균을 알아봐요 / 평균을 구해요

연도별로 가온 마을에 눈이 온 횟수를 조사했어요. 가온 마을은 한 해에
눈이 몇 회 정도 온다고 말하면 좋을까요?

 탐구 가온 마을에 눈이 온 횟수의 평균을 알아볼까요?

개념 동영상

●의 수를 연도별로 고르게 하기 위해서 ●를 옮겨
그리면 각 연도에는 ●가 5개 있습니다.
➡ 가온 마을은 한 해에 눈이 5회 정도 왔다고 말할
수 있습니다.

옮겨지는 것은 ◢와 같이
표시하고, 옮긴 칸에는 ○를
그려 넣었어요!

가온 마을에 눈이 온 횟수

횟수(회)	2018	2019	2020	2021	2022
9				◢	
8				◢	
7				◢	
6			◢	◢	
5	○	○	●	●	○
4	●	○	●	●	
3	●	○	●	●	
2	●	●	●	●	●
1	●	●	●	●	●
연도(년)	2018	2019	2020	2021	2022

각 자룟값을 고르게 하여 그 자료를 대표하는 값으로 정할 수 있습니다.
이 값을 평균이라고 합니다.

🔍 카드 수의 평균 구하기

❶ 카드를 겹치지 않게 이어 붙여
종이띠를 만듭니다.

$5+6+2+11=24$(장)

자룟값을 모두
더한 다음

❷ 종이띠가 4등분이 되도록 반으로
접고 다시 반으로 접습니다.

$24÷4=6$(장)

자료 수로
나누어요.

(평균)＝(자룟값의 합)÷(자료 수)

이미지로 개념 쏙

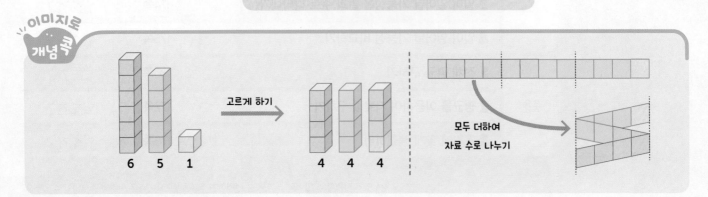

고르게 하기
6 5 1 → 4 4 4

모두 더하여
자료 수로 나누기

교과서 + 익힘책
1단계 개념탄탄

[1~2] 윤하네 모둠 친구들이 가지고 있는 구슬 수를 나타낸 그래프입니다. 물음에 답하세요.

친구들이 가지고 있는 구슬 수

구슬 수 (개) \ 이름	윤하	선민	철호	규리
5		○		
4	○	○	○	
3	○	○	○	○
2	○	○	○	○
1	○	○	○	○

1 구슬 수를 고르게 하면 한 사람이 가지고 있는 구슬은 몇 개인가요?

(　　　　　　　)개

2 알맞은 말에 ○표 하세요.

친구들이 가지고 있는 구슬 수의 (합 , 평균)은 4개입니다.

3 현수의 과녁 맞히기 점수를 나타낸 표입니다. 설명이 바르면 ○표, 틀리면 ✕표 하세요.

과녁 맞히기 점수

회	1회	2회	3회	4회	5회
점수(점)	8	6	8	5	8

(1) 과녁 맞히기 점수를 고르게 하면 7점입니다.

(　　　)

(2) 과녁 맞히기 점수의 평균은 8점입니다.

(　　　)

[4~5] 서준이네 학교 5학년 반별 학생 수를 나타낸 표입니다. 물음에 답하세요.

반별 학생 수

반	1반	2반	3반	4반	5반
학생 수(명)	25	22	23	24	26

4 서준이네 학교 5학년 학생은 모두 몇 명인가요?

(　　　　　　　)명

5 서준이네 학교 5학년 반별 학생 수의 평균은 몇 명인지 구해 보세요.

$$\boxed{} \div \boxed{} = \boxed{}$$

(　　　　　　　)명

6 서윤이네 모둠 친구들이 가지고 있는 연필 수를 나타낸 표입니다. 연필 수의 평균은 몇 자루인지 구해 보세요.

서윤이네 모둠 연필 수

이름	서윤	연후	다현	준기
연필 수(자루)	14	21	16	13

$$\left(\boxed{} + \boxed{} + \boxed{} + \boxed{} \right) \div \boxed{}$$
$$= \boxed{}$$

(　　　　　　　)자루

6단원

공부한 날

월

일

2 평균을 활용해요

수혁이네 가족과 지은이네 가족의 하루 동안
컴퓨터 사용 시간을 조사했어요. 한 사람당
컴퓨터 사용 시간은 어느 가족이 더 적다고
할 수 있는지 알아볼까요?

탐구 평균을 비교해 볼까요?

개념 동영상

수혁이네 가족의 컴퓨터 사용 시간

가족	아빠	엄마	수혁
사용 시간 (시간)	6	8	4

지은이네 가족의 컴퓨터 사용 시간

가족	할아버지	엄마	오빠	지은	동생
사용 시간 (시간)	3	6	7	3	1

두 가족의 컴퓨터 사용 시간의 합 비교하기

수혁이네 가족: $6+8+4=18$(시간)

지은이네 가족: $3+6+7+3+1=20$(시간)

➡ 수혁이네 가족의 컴퓨터 사용 시간이 더 적습니다.

> 가족 수가 다르므로 합으로는 한 사람당 컴퓨터 사용 시간이 더 적은 가족을 알 수 없어요.

두 가족의 컴퓨터 사용 시간의 평균 비교하기

수혁이네 가족: $18÷3=6$(시간)

지은이네 가족: $20÷5=4$(시간)

➡ 지은이네 가족의 컴퓨터 사용 시간이 더 적습니다.

> 한 사람당 컴퓨터 사용 시간은 평균을 이용하여 구해요!

두 가족의 가족 수가 다르므로 평균을 비교하면 한 사람당 컴퓨터 사용 시간은 지은이네 가족이
더 적습니다.

🔍 평균을 이용하여 자룟값 구하기

> 현우네 모둠 친구들이 가지고 있는 딱지 수의 평균은 15개예요.

현우네 모둠 딱지 수

이름	현우	지안	수민	하윤	승원
딱지 수(개)		20	13	15	16

| 딱지 수의 평균이 15개입니다. | ➡ | 한 명이 딱지를 15개씩 가지고 있다고 할 수 있습니다. | ➡ | 5명이 가지고 있는 딱지는 모두 $15×5=75$(개) 입니다. | ➡ | 현우가 가지고 있는 딱지는 $75-(20+13+15+16)$ $=11$(개)입니다. |

[1~3] 유나네 모둠과 현수네 모둠이 고리를 한 사람당 10개씩 던져서 기둥에 건 고리 수를 나타낸 표입니다. 물음에 답하세요.

유나네 모둠이 건 고리 수

이름	유나	재성	민정	하윤
고리 수(개)	8	7	3	6

현수네 모둠이 건 고리 수

이름	현수	철민	정아
고리 수(개)	9	5	7

1 유나네 모둠이 기둥에 건 고리 수의 평균은 몇 개인지 구해 보세요.

$$(\boxed{}+\boxed{}+\boxed{}+\boxed{})÷\boxed{}=\boxed{}$$

(　　　　　　　　　)개

2 현수네 모둠이 기둥에 건 고리 수의 평균은 몇 개인지 구해 보세요.

$$(\boxed{}+\boxed{}+\boxed{})÷\boxed{}=\boxed{}$$

(　　　　　　　　　)개

3 기둥에 건 고리 수의 평균이 더 큰 모둠은 어느 모둠인가요?

(　　　　　　　　　)

[4~5] 민선이의 음악 수행 평가 점수입니다. 음악 수행 평가 점수의 평균이 85점일 때 물음에 답하세요.

음악 수행 평가 점수

회	1회	2회	3회	4회
점수(점)	76	84		94

4 1회부터 4회까지 음악 수행 평가 점수의 합은 몇 점인가요?

(　　　　　　　　　)점

5 민선이가 3회에서 받은 음악 수행 평가 점수는 몇 점인가요?

(　　　　　　　　　)점

6 윤아네 반에서 모둠별로 일주일 동안 모은 재활용 종이의 무게와 학생 수를 나타낸 표입니다. 한 사람당 모은 재활용 종이의 무게가 더 무거운 모둠은 어느 모둠인가요?

모둠별 학생 수와 모은 재활용 종이의 무게

모둠	가	나
학생 수(명)	6	5
모은 재활용 종이 무게(kg)	36	35

(　　　　　　　　　)

일이 일어날 가능성을 알아봐요

3

우리 반 학생들이 자신의 이름을 쓴 막대를 모두 모았어요. 이 중에서 막대 한 개를 뽑을 때 어떤 학생의 이름이 쓰여 있는 막대가 뽑힐지 알아볼까요?

여학생의 이름이 쓰여 있는 막대는 뽑힐 수도 있고, 안 뽑힐 수도 있어요.

다른 반 학생의 이름이 쓰여 있는 막대는 없으니까 뽑히지 않을 것 같아요.

탐구 가능성을 알아볼까요?

개념 동영상

> 어떠한 상황에서 특정한 일이 일어나길 기대할 수 있는 정도를 가능성이라고 합니다.

🔍 '확실하다', '반반이다', '불가능하다'로 나타내기

ㄱ 내일 아침에 해가 뜰 것입니다.
ㄴ 주사위를 굴리면 주사위 눈의 수가 7이 나올 것입니다.
ㄷ 오늘 길에서 살아 움직이는 공룡을 보게 될 것입니다.
ㄹ 주머니에서 구슬 한 개를 꺼내면 꺼낸 구슬이 노란색일 것입니다.

 ㅁ 회전판의 화살을 돌리면 화살이 파란색에 멈출 것입니다.

확실하다
ㄱ, ㄹ

반반이다
ㅁ

불가능하다
ㄴ, ㄷ

🔍 '~일 것 같다', '~아닐 것 같다'로 나타내기

사탕 기계의 손잡이를 한 바퀴 돌리면 사탕 한 개가 나옵니다.
➡ 수가 더 많은 사탕은 노란색입니다.

➡ ┌ 나온 사탕이 노란색일 가능성은 '~일 것 같다'입니다.
　 └ 나온 사탕이 파란색일 가능성은 '~아닐 것 같다'입니다.

이미지로 개념콕

주머니에서 바둑돌 한 개를 꺼내면 꺼낸 바둑돌이 검은색일 가능성 알아보기

불가능하다　　~아닐 것 같다　　반반이다　　~일 것 같다　　확실하다

1단계 개념탄탄

[1~2] 친구들이 말한 일이 일어날 가능성을 바르게 나타낸 곳에 ○표 하세요.

1

오늘 해가 동쪽으로 질 거예요.

불가능하다	확실하다
( )	( )

2

12월 31일 다음 날은 1월 1일이에요.

불가능하다	확실하다
( )	( )

3 동전 한 개를 던지려고 합니다. 알맞은 말에 ○표 하세요.

동전을 던졌을 때 그림 면이 나올 가능성은 '(확실하다 , 반반이다 , 불가능하다)'입니다.

[4~5] 상자에서 구슬 한 개를 꺼내려고 합니다. 일이 일어날 가능성을 보기에서 찾아 기호를 써 보세요.

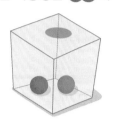

보기
ㄱ 확실하다
ㄴ 반반이다
ㄷ 불가능하다

4 꺼낸 구슬이 빨간색일 것입니다.

( )

5 꺼낸 구슬이 초록색일 것입니다.

( )

[6~7] 일이 일어날 가능성을 알맞게 나타낸 곳에 ○표 하세요.

6
> 3월은 7월보다 더 추울 것입니다.

불가능 하다	~아닐 것 같다	반반 이다	~일 것 같다	확실 하다

7
> 주사위를 한 번 굴리면 주사위 눈의 수가 6이 나올 것입니다.

불가능 하다	~아닐 것 같다	반반 이다	~일 것 같다	확실 하다

4 일이 일어날 가능성을 비교해요

각각의 상자에서 공 한 개를 꺼내려고 해요. 꺼낸 공이 빨간색일 가능성이 더 큰 상자는 어느 것일지 알아볼까요?

가  나  다

 탐구

개념 동영상

가능성을 비교해 볼까요?

상자에서 공 한 개를 꺼낼 때 꺼낸 공이 빨간색일 가능성 비교하기

← 일이 일어날 가능성이 작습니다.		일이 일어날 가능성이 큽니다. →
가	나	다
불가능하다	반반이다	확실하다

꺼낸 공이 빨간색일 가능성이 '불가능하다'인 상자는 가입니다.

꺼낸 공이 빨간색일 가능성이 '반반이다'인 상자는 나입니다.

꺼낸 공이 빨간색일 가능성이 '확실하다'인 상자는 다입니다.

- 상자 가와 나 중에서 꺼낸 공이 빨간색일 가능성이 더 큰 상자는 상자 나입니다.
- 상자 나와 다 중에서 꺼낸 공이 빨간색일 가능성이 더 큰 상자는 상자 다입니다.
- 꺼낸 공이 빨간색일 <u>가능성이 큰 순서</u>대로 상자의 기호를 쓰면 다, 나, 가입니다.
  └ '확실하다'일 때 가능성이 가장 크고, '불가능하다'일 때 가능성이 가장 작습니다.

🔍 회전판의 가능성 비교하기

회전판의 화살을 돌렸을 때 화살이 하늘색에 멈출 가능성 비교하기

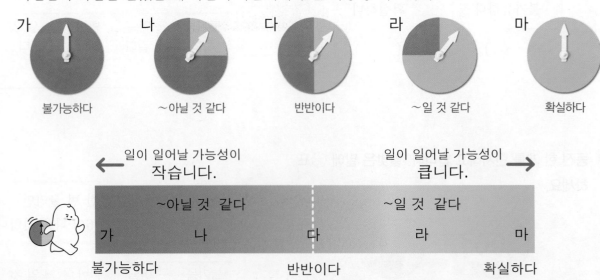

가	나	다	라	마
불가능하다	~아닐 것 같다	반반이다	~일 것 같다	확실하다

← 일이 일어날 가능성이 작습니다.		일이 일어날 가능성이 큽니다. →
~아닐 것 같다		~일 것 같다
가 나	다	라 마
불가능하다	반반이다	확실하다

- 회전판 나와 라 중에서 화살이 하늘색에 멈출 가능성이 더 큰 회전판은 회전판 라입니다.
- 화살이 하늘색에 멈출 가능성이 큰 순서대로 회전판의 기호를 쓰면 마, 라, 다, 나, 가입니다.

[1~3] 회전판의 화살을 돌렸을 때 화살이 빨간색에 멈출 가능성을 비교하려고 합니다. 물음에 답하세요.

가  나   다

1 회전판의 화살을 돌렸을 때 화살이 빨간색에 멈출 가능성을 나타내는 말에 ○표 하세요.

(1) 회전판 가에서 화살이 빨간색에 멈출 가능성은 '(확실하다 , 반반이다 , 불가능하다)' 입니다.

(2) 회전판 나에서 화살이 빨간색에 멈출 가능성은 '(확실하다 , 반반이다 , 불가능하다)' 입니다.

(3) 회전판 다에서 화살이 빨간색에 멈출 가능성은 '(확실하다 , 반반이다 , 불가능하다)' 입니다.

2 화살이 빨간색에 멈출 가능성을 생각하며 ☐ 안에 알맞은 회전판의 기호를 써넣으세요.

← 일이 일어날 가능성이 **작습니다.**　일이 일어날 가능성이 **큽니다.** →

☐　☐　☐

불가능하다　반반이다　확실하다

3 화살이 빨간색에 멈출 가능성이 큰 순서대로 회전판의 기호를 써 보세요.

(　　　　　)

4 봉지에서 사탕 한 개를 꺼낼 때 꺼낸 사탕이 딸기 맛일 가능성이 더 큰 봉지에 ○표 하세요.

(　　　)　　　(　　　)

[5~6] 회전판을 보고 물음에 답하세요.

가 　　나

5 회전판의 화살을 돌렸을 때 화살이 노란색에 멈출 가능성이 더 큰 회전판의 기호를 써 보세요.

(　　　　　)

6 회전판의 화살을 돌렸을 때 화살이 초록색에 멈출 가능성이 더 큰 회전판의 기호를 써 보세요.

(　　　　　)

6단원

공부한 날

월

일

5 일이 일어날 가능성을 수로 나타내요

0? 1?

회전판의 화살을 돌렸을 때 화살이 주황색에 멈출 가능성을
수로 나타내 볼까요?

 탐구   회전판의 가능성을 수로 나타내 볼까요?

개념 동영상

가   불가능하다

나   반반이다

다   확실하다

일이 일어날 가능성 '확실하다'를 수 **1**로 나타내면

┌ '불가능하다'는 수 **0**으로 ┐
└ '반반이다'는 $\frac{1}{2}$로 ┘ 나타낼 수 있습니다.

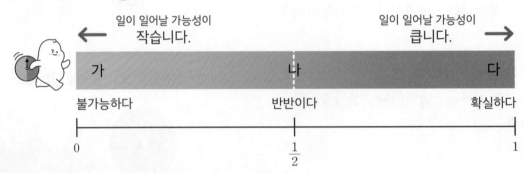

일이 일어날 가능성이
작습니다. ←

일이 일어날 가능성이
큽니다. →

| 가 | 나 | 다 |

불가능하다   반반이다   확실하다

0               $\frac{1}{2}$ 1

🔍 내일 전학생이 올 가능성을 그림에 나타내기

평소에 전학생이 오는 날이 많지 않습니다.

➡ 내일 전학생이 올 가능성은 $\frac{1}{2}$보다 작을 것 같습니다.

➡ 0과 $\frac{1}{2}$ 사이에 ↓로 나타냅니다. ── 0에 더 가깝게 나타낼 수도 있고,
$\frac{1}{2}$에 더 가깝게 나타낼 수도 있습니다.

내일 전학생이 올
가능성은 '~ 아닐 것 같다'
예요.

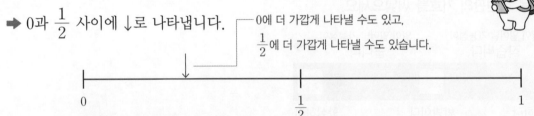

0               $\frac{1}{2}$ 1

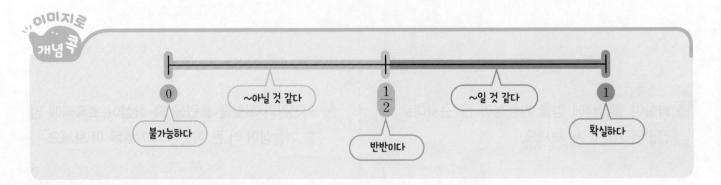

이미지로 개념 콕

0   불가능하다

~아닐 것 같다

$\frac{1}{2}$ 반반이다

~일 것 같다

1   확실하다

[1~2] 주머니에 주황색 공이 2개 들어 있습니다. 주머니에서 공 한 개를 꺼낼 때 물음에 답하세요.

1 꺼낸 공이 주황색일 가능성을 바르게 나타낸 수에 ○표 하세요.

$$0 \qquad \frac{1}{2} \qquad 1$$

2 꺼낸 공이 보라색일 가능성을 바르게 나타낸 수에 ○표 하세요.

$$0 \qquad \frac{1}{2} \qquad 1$$

3 다음 카드 2장을 뒤집어 섞은 후 한 장을 뽑을 때 뽑은 카드가 ♠ 모양일 가능성을 나타낸 수에 ○표 하세요.

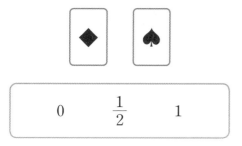

$$0 \qquad \frac{1}{2} \qquad 1$$

[4~6] 회전판을 보고 물음에 답하세요.

가　　　　나　　　　다

4 회전판 가의 화살을 돌렸을 때 화살이 하늘색에 멈출 가능성을 그림에 ↓로 나타내 보세요.

$$0 \qquad\qquad \frac{1}{2} \qquad\qquad 1$$

5 회전판 다의 화살을 돌렸을 때 화살이 하늘색에 멈출 가능성을 그림에 ↓로 나타내 보세요.

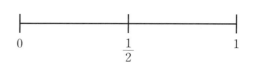

$$0 \qquad\qquad \frac{1}{2} \qquad\qquad 1$$

6 회전판 나의 화살을 돌렸을 때 화살이 하늘색에 멈출 가능성을 그림에 ↓로 나타내 보세요.

$$0 \qquad\qquad \frac{1}{2} \qquad\qquad 1$$

6
단원

공부한 날

월

일

민호의 멀리 던지기 기록을 나타낸 표입니다. 멀리 던지기 기록의 평균은 몇 m인지 구해 보세요.

멀리 던지기 기록

회	1회	2회	3회	4회	5회
기록(m)	14	12	16	20	18

( ) m

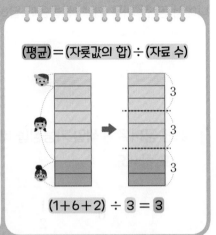

(평균) = (자룟값의 합) ÷ (자료 수)

(1+6+2) ÷ 3 = 3

01 5학년 반별 안경 쓴 학생 수를 조사하여 나타낸 표입니다. 안경 쓴 학생 수의 평균은 몇 명인가요?

반별 안경 쓴 학생 수

반	1반	2반	3반	4반
학생 수(명)	8	13	9	6

( )명

02 가족별로 오늘 버린 쓰레기 양을 조사하여 나타낸 막대그래프입니다. 버린 쓰레기 양의 평균은 몇 g인가요?

가족별 버린 쓰레기 양

( ) g

[03~04] 현지가 일주일 동안 한 윗몸 일으키기 기록을 나타낸 표입니다. 물음에 답하세요.

윗몸 일으키기 기록

요일	월	화	수	목	금	토	일
기록(번)	7	11	16	14	12	20	18

03 현지가 일주일 동안 한 윗몸 일으키기 기록의 평균은 몇 번인가요?

( )번

04 월요일부터 금요일까지는 평일이고, 토요일과 일요일은 주말입니다. 현지가 평일 동안 한 윗몸 일으키기 기록의 평균과 주말 동안 한 윗몸 일으키기 기록의 평균은 각각 몇 번인가요?

평일 ( )번
주말 ( )번

유형 2 | 평균 활용하기

은빈이가 월별 읽은 책 수를 나타낸 표입니다. 다섯 달 동안 읽은 책 수의 평균이 7권일 때, 은빈이가 5월에 읽은 책은 몇 권인가요?

은빈이가 읽은 책 수

월	3월	4월	5월	6월	7월
책 수(권)	4	6		9	7

( )권

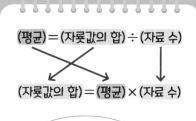

(평균)＝(자룟값의 합)÷(자료 수)

(자룟값의 합)＝(평균)×(자료 수)

전체 자룟값의 합에서 알고 있는 자룟값을 모두 빼면 모르는 자룟값을 구할 수 있어요.

---

05 두 모둠이 모은 붙임 딱지의 수입니다. 모은 붙임 딱지 수의 평균이 더 큰 모둠은 어느 모둠인가요?

가 모둠

6장 4장 8장 10장

나 모둠

5장 8장 5장

( )

서술형

06 주영이네 모둠 친구들의 몸무게를 나타낸 표입니다. 몸무게의 평균이 38 kg일 때 주영이의 몸무게는 평균보다 가벼운지, 무거운지 풀이 과정을 쓰고, 답을 구해 보세요.

주영이네 모둠 몸무게

이름	주영	호진	진아
몸무게(kg)		45	32

풀이 _____

_____

_____

답 _____

---

07 줄넘기 횟수의 평균이 더 큰 친구의 이름을 써 보세요.

혜리

일주일 동안 매일 한 줄넘기 횟수의 합이 1750번이에요.

상우

10일 동안 한 줄넘기 횟수의 합이 2300번이에요.

( )

08 정우와 승기의 100 m 달리기 기록을 나타낸 표입니다. 두 친구의 100 m 달리기 기록의 평균이 같을 때, 표를 완성해 보세요.

정우의 100 m 달리기 기록

회	1회	2회	3회
기록(초)	18	20	19

승기의 100 m 달리기 기록

회	1회	2회	3회	4회
기록(초)	17	20		18

6 단원

공부한 날

월

일

유형 3 일이 일어날 가능성을 말과 수로 나타내기

검은색 바둑돌만 들어 있는 통에서 바둑돌 한 개를 꺼낼 때 꺼낸 바둑돌이 흰색일 가능성을 말과 수로 각각 나타내 보세요.

말 _____

수 _____

확실하다 ── 1

~일 것 같다 ── $\frac{1}{2}$과 1 사이

반반이다 ── $\frac{1}{2}$

~아닐 것 같다 ── 0과 $\frac{1}{2}$ 사이

불가능하다 ── 0

---

09 회전판의 화살을 돌릴 때 화살이 노란색에 멈출 가능성을 나타낸 말을 찾아 이어 보세요.

· · ·

· · ·

확실하다　　반반이다　　불가능하다

10 일이 일어날 가능성을 0부터 1까지의 수 중에서 알맞은 수로 나타내 보세요.

(1) 은행에서 뽑은 대기 번호표의 번호가 홀수일 것입니다.

(　　　　　　　　)

(2) 오늘 놀이터에서 살아 있는 용을 볼 것입니다.

(　　　　　　　　)

11 오른쪽 상자에서 공 한 개를 꺼낼 때 꺼낸 공이 빨간색일 가능성을 그림에 ↓로 나타내 보세요.

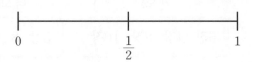

12 일이 일어날 가능성이 1인 것을 찾아 기호를 써 보세요.

⊙ 어미 개는 알을 낳을 것입니다.
⊙ 물이 든 컵을 뚜껑 없이 거꾸로 들면 물이 쏟아질 것입니다.

(　　　　　　　　)

→ 바른답·알찬풀이 **52**쪽

유형 4 일이 일어날 가능성 비교하기

일이 일어날 가능성이 큰 순서대로 기호를 써 보세요.

> ㉠ 여름이 지나면 가을이 올 것입니다.
> ㉡ 이웃집에 눈사람이 살 것입니다.
> ㉢ 여학생 2명, 남학생 2명 중에서 한 명을 뽑으면 뽑은 학생은 여학생일 것입니다.

(   )

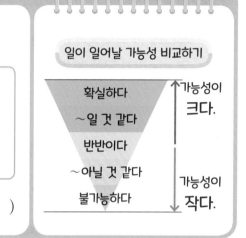

일이 일어날 가능성 비교하기

확실하다
~일 것 같다
반반이다
~아닐 것 같다
불가능하다

↑ 가능성이 **크다.**
가능성이 **작다.**

---

13 고리를 한 개 던졌더니 4개의 막대 중에서 하나에 걸렸습니다. ☐ 안에 빨간색, 파란색을 알맞게 써넣으세요.

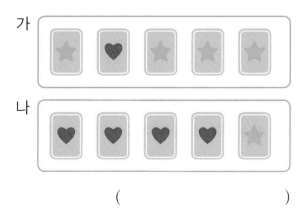

고리가 ☐ 막대에 걸릴 가능성이 ☐ 막대에 걸릴 가능성보다 더 큽니다.

14 가와 나에서 각각 카드 한 장을 뽑을 때, 뽑은 카드가 ⭐일 가능성이 더 작은 것을 찾아 기호를 써 보세요.

가

나

(   )

서술형

15 회전판의 화살을 돌릴 때 화살이 '당첨'에 멈출 가능성이 더 큰 회전판의 기호를 쓰고, 이유를 써 보세요.

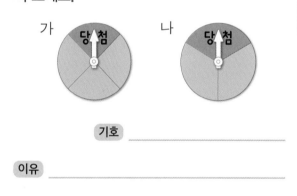

기호 _____

이유 _____

_____

16 1부터 6까지 수가 적힌 주사위 한 개를 굴릴 때 가능성이 큰 순서대로 기호를 써 보세요.

> ㉠ 1보다 큰 수가 나올 가능성
> ㉡ 짝수가 나올 가능성
> ㉢ 7보다 작은 수가 나올 가능성
> ㉣ 6보다 큰 수가 나올 가능성
> ㉤ 2보다 작은 수가 나올 가능성

(   )

응용유형 1 전체 평균 구하기

문제해결 추론 정보처리

유나네 반 남학생과 여학생 키의 평균을 각각 나타낸 표입니다. 유나네 반 전체 학생 키의 평균은 몇 cm인지 구해 보세요.

남녀 학생 수와 키의 평균

	남학생	여학생
학생 수(명)	12	8
키의 평균(cm)	144	146.5

(1) 남학생 12명의 키의 합은 몇 cm인가요?

(   ) cm

(2) 여학생 8명의 키의 합은 몇 cm인가요?

(   ) cm

(3) 유나네 반 전체 학생 키의 평균은 몇 cm인가요?

(   ) cm

유사

1-1 혜린이네 반에서 모둠별로 수학 쪽지 시험의 맞힌 문제 수의 평균을 나타낸 표입니다. 혜린이네 반 전체 학생이 맞힌 문제 수의 평균은 몇 문제인가요?

모둠별 학생 수와 맞힌 문제 수의 평균

모둠	가	나	다
학생 수(명)	4	6	5
맞힌 문제 수의 평균(문제)	11	6	8

(   )문제

변형

1-2 서준이가 제기차기를 하고 있습니다. 첫 번째부터 5번째까지 제기차기 기록의 평균은 21개이고, 6번째 제기차기 기록은 27개입니다. 서준이의 첫 번째부터 6번째까지 제기차기 기록의 평균은 몇 개인가요?

(   )개

바른답·알찬풀이 **53**쪽

응용유형 2 평균을 이용하여 자룻값 구하기

지안이가 월별 읽은 책 수를 나타낸 표입니다. 8월부터 12월까지 읽은 책 수의 평균이 8월부터 11월까지 읽은 책 수의 평균보다 크려면 12월에는 책을 최소 몇 권보다 많이 읽어야 하는지 구해 보세요.

월별 읽은 책 수

월	8월	9월	10월	11월	12월
읽은 책 수(권)	11	7	6	8	

(1) 8월부터 11월까지 읽은 책 수의 평균은 몇 권인가요?

( )권

(2) 8월부터 12월까지 읽은 책 수의 평균이 8월부터 11월까지 읽은 책 수의 평균보다 크려면 12월에는 책을 최소 몇 권보다 많이 읽어야 하나요?

( )권

유사

2-1

소은이의 매달리기 기록을 나타낸 표입니다. 1회부터 5회까지 기록의 평균이 1회부터 4회까지 기록의 평균보다 크려면 5회의 기록은 최소 몇 초보다 길어야 하나요?

매달리기 기록

회	1회	2회	3회	4회	5회
기록(초)	10	9	13	12	

( )초

변형

2-2

지난주 지아 방 온도를 나타낸 표입니다. 월요일부터 금요일까지 방 온도의 평균이 월요일부터 목요일까지 방 온도의 평균보다 1 °C 더 높을 때 금요일의 방 온도는 몇 °C인가요?

요일별 방 온도

요일	월	화	수	목	금
온도(°C)	20	19	18	23	

( ) °C

응용유형 3 조건에 맞게 색칠하기

화살이 검은색에 멈출 가능성이 0보다 크고 $\frac{1}{2}$보다 작은 회전판이 되도록 칸에 맞게 각각 색칠해 보세요.

3-1 유사

오른쪽 상자에서 공 한 개를 꺼낼 때, 꺼낸 공이 검은색일 가능성이 $\frac{1}{2}$보다 크고 1보다 작게 되도록 공을 알맞게 색칠해 보세요.

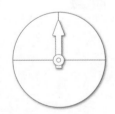

3-2 변형

조건에 맞는 회전판이 되도록 색칠해 보세요.

조건
• 화살이 초록색에 멈출 가능성이 가장 큽니다.
• 화살이 노란색에 멈출 가능성과 빨간색에 멈출 가능성은 같습니다.

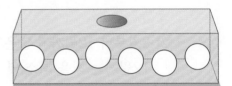

미리보기

확률의 성질 ➡ 반드시 일어나는 일의 확률은 1입니다.
절대로 일어나지 않는 일의 확률은 0입니다.
어떤 일이 일어날 확률은 0과 같거나 크고 1과 같거나 작습니다.
예 노란색 구슬만 들어 있는 주머니에서 구슬 한 개를 꺼낼 때
꺼낸 구슬이 노란색일 확률은 □입니다.

일정한 조건 아래에서 어떤 일이 일어날 가능성의 정도를 확률이라고 해요.
(확률)=$\frac{(일이 일어나는 경우의 수)}{(모든 경우의 수)}$

답 1

[01~02] 일이 일어날 가능성을 바르게 나타낸 곳에 색칠해 보세요.

01 월요일 다음 날은 화요일일 것입니다.

| 불가능하다 | 확실하다 |

02 고양이는 날 수 있을 것입니다.

| 불가능하다 | 확실하다 |

[03~04] 세영, 우진, 지석이가 가지고 있는 카드를 겹치지 않게 이어 붙여 종이띠를 만들었습니다. 물음에 답하세요.

세영   우진   지석

03 3명의 친구들이 가지고 있는 카드 수를 고르게 하면 한 명이 가지고 있는 카드는 몇 장인가요?

( )장

04 3명의 친구들이 가지고 있는 카드 수의 평균은 몇 장인가요?

( )장

05 가능성을 나타낸 말과 수를 이어 보세요.

확실하다	•	•	0
불가능하다	•	•	$\frac{1}{2}$
반반이다	•	•	1

중요
06 어느 지역에 월별 비 온 날수를 나타낸 표입니다. 월별 비 온 날수의 평균은 며칠인가요?

월별 비 온 날수

월	3월	4월	5월	6월
날수(일)	4	11	6	7

( )일

07 새로 산 장난감이 불량품일 가능성을 알맞게 나타낸 곳에 ◯표 하세요.

불가능하다	~아닐 것 같다	반반이다	~일 것 같다	확실하다

08 켜져 있는 난로 앞에 얼음을 놓았을 때 얼음이 녹을 가능성을 0부터 1까지의 수 중에서 알맞은 수로 나타내 보세요.

( )

6

단원

공부한 날

월

일

09 지효네 반 학생들의 하루 게임 시간의 평균은 50분입니다. 바르게 설명한 친구의 이름을 써 보세요.

우영 지효네 반 학생 중에서 하루에 게임을 50분 동안 하는 학생들이 가장 많다는 말이에요.

민정 지효네 반 학생들이 하루에 게임을 한 시간을 고르게 하면 50분이라는 거예요.

( )

10 주사위를 굴렸을 때 주사위 눈의 수가 7이 나올 가능성을 그림에 ↓로 나타내 보세요.

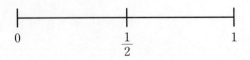

응용
11 세민이가 4주 동안 저금한 금액을 나타낸 막대그래프입니다. 저금한 금액의 평균은 얼마인가요?

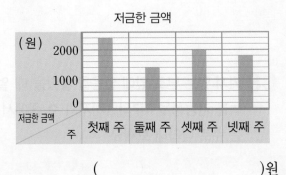

저금한 금액

( )원

[12~13] 일주일 동안 어느 마을의 낮 최고 기온을 나타낸 표입니다. 물음에 답하세요.

낮 최고 기온

요일	월	화	수	목	금	토	일
기온(℃)	8	6	11	9	5	7	3

12 일주일 동안 낮 최고 기온의 평균은 몇 ℃인가요?

( ) ℃

13 일주일 중 낮 최고 기온이 평균보다 낮았던 요일을 모두 찾아 써 보세요.

( )

[14~15] 회전판을 보고 물음에 답하세요.

가   나   다   라

14 회전판의 화살을 돌렸을 때, 화살이 빨간색에 멈출 가능성과 초록색에 멈출 가능성이 서로 같은 회전판의 기호를 써 보세요.

( )

중요
15 회전판의 화살을 돌렸을 때, 화살이 빨간색에 멈출 가능성이 큰 순서대로 회전판의 기호를 써 보세요.

( )

16 경서네 모둠이 바구니에 넣은 콩 주머니 수를 나타낸 표입니다. 1회부터 4회까지 넣은 콩 주머니 수의 평균이 1회부터 3회까지 넣은 콩 주머니 수의 평균보다 크려면 4회에는 콩 주머니를 최소 몇 개보다 많이 넣어야 하나요?

넣은 콩 주머니 수

회	1회	2회	3회	4회
콩 주머니 수(개)	34	26	39	

( )개

17 주머니에서 구슬 한 개를 꺼낼 때, 꺼낸 구슬이 검은색일 가능성이 0보다 크고 $\frac{1}{2}$ 보다 작게 되도록 구슬을 알맞게 색칠해 보세요.

중요

18 수아의 1회부터 4회까지 윗몸 일으키기 기록의 평균은 23번이고, 5회의 윗몸 일으키기 기록은 33번입니다. 1회부터 5회까지 윗몸 일으키기 기록의 평균은 몇 번인가요?

( )번

서술형 문제

19 일이 일어날 가능성을 생각하며 ☐ 안에 알맞은 말을 **보기**에서 찾아 기호를 써넣고, 이유를 써 보세요.

보기
ㄱ 확실하다 ㄴ 반반이다 ㄷ 불가능하다
ㄹ ~일 것 같다 ㅁ ~아닐 것 같다

100원짜리 동전 2개와 500원짜리 동전 2개가 들어 있는 주머니에서 동전 한 개를 꺼낼 때, 꺼낸 동전이 100원짜리일 가능성은 ☐ 이에요.

유빈

이유 _____

_____

응용

20 은서와 지아의 타자 기록입니다. 두 친구의 타자 기록의 평균이 같을 때 ☐ 안에 알맞은 수는 얼마인지 풀이 과정을 쓰고, 답을 구해 보세요.

은서	135타	127타	143타	115타

지아	129타	☐타	137타

풀이 _____

_____

_____

답 _____

6. 평균과 가능성

점수

점

01 주머니에서 바둑돌 한 개를 꺼내려고 합니다. 알맞은 말에 ○표 하세요.

꺼낸 바둑돌이 흰색일 가능성은
'(확실하다 , 반반이다 , 불가능하다)'입니다.

02 연우네 모둠 친구들이 가지고 있는 공책 수의 평균을 구하려고 합니다. □ 안에 알맞은 수를 써넣으세요.

가지고 있는 공책 수

이름	연우	윤정	민재
공책 수(권)	9	5	4

(평균)=(□+□+□)÷□

=□(권)

[03~04] 일이 일어날 가능성을 생각하며 □ 안에 알맞은 말을 보기에서 찾아 써넣으세요.

보기

불가능하다   반반이다   확실하다

03 비가 오고 있을 때 운동장이 젖을 가능성은
'[   ]'입니다.

04 우체국에서 뽑은 대기 번호표의 번호가 짝수일
가능성은 '[   ]'입니다.

05 봉지에서 과자 한 개를 꺼낼 때, 꺼낸 과자가
♥ 모양일 가능성이 더 큰 봉지의 기호를 써
보세요.

(   )

[06~08] 성재네 모둠과 지우네 모둠이 어제 공부한
시간을 나타낸 표입니다. 물음에 답하세요.

성재네 모둠 공부한 시간

이름	공부한 시간(분)
성재	50
윤하	45
이준	55
민아	30

지우네 모둠 공부한 시간

이름	공부한 시간(분)
지우	55
현성	34
재인	52

06 성재네 모둠 친구들이 어제 공부한 시간의 평균
은 몇 분인가요?

(   )분

07 지우네 모둠 친구들이 어제 공부한 시간의 평균
은 몇 분인가요?

(   )분

중요
08 두 모둠 중에서 어제 공부한 시간의 평균이 더
큰 모둠은 어느 모둠인가요?

(   )

09 비커 3개에 담긴 물의 양의 평균은 몇 mL인가요?

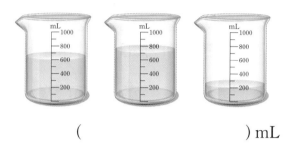

(   ) mL

13 어떤 영화를 보고 네 명의 친구들이 준 점수입니다. 이 영화에 준 점수의 평균이 8.25점일 때 시우가 준 점수는 몇 점인지 구해 보세요.

영화에 준 점수

이름	시우	서영	이준	희수
점수(점)		7.5	9	8.5

(   )점

[10~12] 1부터 10까지의 수 카드가 한 장씩 있습니다. 이 중에서 한 장을 뽑을 때 물음에 답하세요.

> ㉠ 뽑은 카드의 수가 짝수일 것입니다.
> ㉡ 뽑은 카드의 수가 0일 것입니다.
> ㉢ 뽑은 카드의 수가 20보다 작을 것입니다.

10 일이 일어날 가능성이 '불가능하다'인 것을 찾아 기호를 써 보세요.

(   )

11 일이 일어날 가능성이 1인 것을 찾아 기호를 써 보세요.

(   )

12 일이 일어날 가능성이 큰 순서대로 기호를 써 보세요.

(   )

14 오른쪽 회전판의 화살을 돌렸을 때 화살이 분홍색에 멈출 가능성을 그림에 ↓로 나타내 보세요.

6 단원

공부한 날

월

일

```
├─────────┼─────────┤
0         1/2        1
```

응용

15 승재의 제자리 멀리뛰기 기록입니다. 제자리 멀리뛰기 기록의 평균이 185 cm 이상이면 1급이라고 할 때 승재는 1급을 받을 수 있을까요, 없을까요?

제자리 멀리뛰기 기록

회	1회	2회	3회	4회	5회
기록(cm)	175	192	188	172	198

(   )

16 은수의 1회부터 4회까지 국어 수행 평가 점수의 평균은 95점이고, 1회부터 5회까지 국어 수행 평가 점수의 평균은 94점입니다. 은수의 5회 국어 수행 평가 점수는 몇 점인가요?

(   )점

17 조건 에 맞는 회전판이 되도록 빨간색, 노란색, 파란색을 색칠해 보세요.

> 조건
> • 화살이 빨간색에 멈출 가능성이 가장 작습니다.
> • 화살이 파란색에 멈출 가능성이 가장 큽니다.

18 응용 로운이네 가족의 나이를 나타낸 표입니다. 로운이네 가족 나이의 평균이 28살이고, 어머니의 나이가 동생 나이의 5배라면 동생의 나이는 몇 살인가요?

로운이네 가족의 나이

가족	아버지	어머니	로운	동생
나이(살)	46		12	

(   )살

서술형 문제

19 중요 화살이 초록색에 멈추면 경품에 당첨된다고 합니다. 경품에 당첨될 가능성이 가장 작은 회전판을 찾아 기호를 쓰고, 이유를 써 보세요.

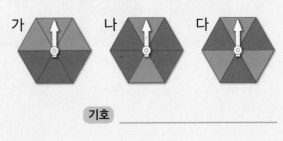

가   나   다

기호 _____

이유 _____

_____

_____

20 유미네 반 남학생과 여학생이 캔 고구마 무게의 평균을 나타낸 표입니다. 유미네 반 전체 학생이 캔 고구마 무게의 평균은 몇 kg 인지 풀이 과정을 쓰고, 답을 구해 보세요.

남녀 학생 수와 캔 고구마 무게의 평균

	남학생	여학생
학생 수(명)	10	12
고구마 무게의 평균(kg)	11.8	14

풀이 _____

_____

_____

_____

_____

답 _____ kg

문장제 해결력 강화

문제
해결의
길잡이

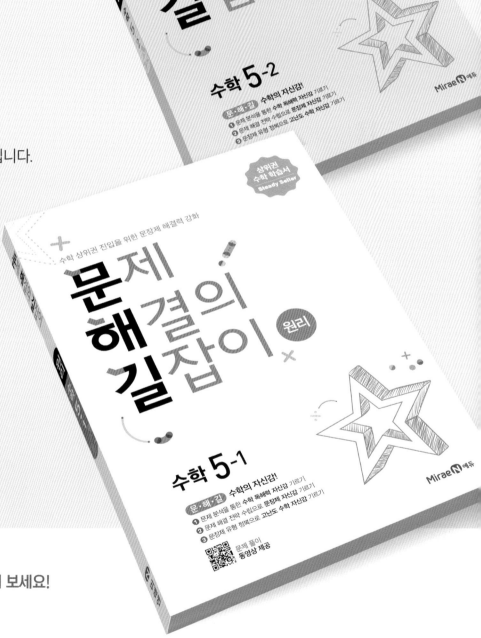

문해길 시리즈는

문장제 해결력을 키우는 상위권 수학 학습서입니다.

문해길은 8가지 문제 해결 전략을 익히며

수학 사고력을 향상하고,

수학적 성취감을 맛보게 합니다.

이런 성취감을 맛본 아이는

수학에 자신감을 갖습니다.

수학의 자신감, 문해길로 이루세요.

문해길 원리를 공부하고, 문해길 심화에 도전해 보세요!
원리로 닦은 실력이 심화에서 빛이 납니다.

문해길 원리

문장제 해결력 강화
1~6학년 학기별 [총12책]

문해길 심화

고난도 유형 해결력 완성
1~6학년 학년별 [총6책]

구성보기

원리 3-1   심화 3

공부력 강화 프로그램

공부력은 초등 시기에 갖춰야 하는 기본 학습 능력입니다.
공부력이 탄탄하면 언제든지 학습에서 두각을 나타낼 수 있습니다.
초등 교과서 발행사 미래엔의 공부력 강화 프로그램은
초등 시기에 다져야 하는 공부력 향상 교재입니다.

하루 한장 **독해**

초등 국어 3-1 **5**

비법 ①
초등 국어 교과서 집필진이 개발한 독해 프로그램입니다.

'하루 한장 독해'는 초등 국어 교과서의 전문 집필진이 개발한 독해 맞춤 프로그램으로, 국어 학습의 기초를 튼튼히 할 수 있습니다.

비법 ②
교과 학습 단계에 맞추어 독해 전략을 익힙니다.

초등 학습 발달 단계를 고려하여 학년별·학기별 교과와 연계한 주요 독해 전략을 집중 연습할 수 있습니다.

비법 ③
새 교육과정에 따라 다양한 독해 제재를 다룹니다.

설명 글, 실화 글, 문학 작품 외에 새 교육과정에 포함된 여러 가지 생활문과 매체 자료 등 다양한 제재를 독해할 수 있습니다.

하루 한장 학습 관리 앱
손쉬운 학습 관리로 올바른 공부 습관을 키워요!

Mirae **N** 에듀

하루 한장 **쏙셈**

초등 수학 3-2 **6**

비법 ①
쏙셈으로 다지는 교과서 기본 학습

초등 수학의 80%는 연산입니다. 속셈은 교과서 단원순서로 익혀야 할 연산 문제를 구성하여 초등 수학의 기본 실력을 다져 줍니다.

비법 ②
원리로 터득하는 탄탄한 연산 실력

수학의 수의 규칙과 관계를 발견하는 과학입니다. 더 속셈은 연산 원리 학습을 통해 연산 과정을 익힘으로써 수와 구조와의 관계를 학습니다.

비법 ③
재미를 통한 수학적 창의력 향상

다른 그림 찾기, 숨은 그림 찾기가 창의력을 키운다는 사실을 아시나요? 속셈은 재미있고 다양한 비법으로 창의력을 향상시킵니다.

하루 한장 학습 관리 앱
손쉬운 학습 관리로 올바른 공부 습관을 키워요!

Mirae **N** 에듀

❶ 핵심 개념을 비주얼로 이해하는 **탄탄한 초코!**
❷ 기본부터 응용까지 공부가 즐거운 **달콤한 초코!**
❸ 온오프 학습 시스템으로 실력이 쌓이는 **신나는 초코!**

바른답·알찬풀이

수학
5·2

1단원 수의 범위와 어림하기

교과서+익힘책 개념탄탄 9쪽

1 (1) 이상에 ○표 (2) 초과에 ○표
2 (1) 15에 색칠 (2) 23에 색칠
3 49, 46.5   4 ㉡
5 (1) 이상 (2) 초과   6 (○)
                          (   )

1 (1) 4와 같거나 큰 수를 4 이상인 수라고 합니다.
  (2) 10보다 큰 수를 10 초과인 수라고 합니다.

2 (1) 15와 같거나 큰 수를 찾습니다.
  (2) 21보다 큰 수를 찾습니다.

3 46보다 큰 수를 모두 찾으면 49, 46.5입니다.

4 ㉠ 34보다 큰 수이므로 34 초과인 수입니다.
  ㉡ 34와 같거나 큰 수이므로 34 이상인 수입니다.
  ㉢ 33과 같거나 큰 수이므로 33 이상인 수입니다.

5 (1) 8과 같거나 큰 수이므로 8 이상인 수입니다.
  (2) 52보다 큰 수이므로 52 초과인 수입니다.

6 29와 같거나 큰 수를 29 이상인 수라고 합니다.
  29보다 큰 수는 29 초과인 수라고 합니다.
  주의 29 이상인 수는 29를 포함합니다.

교과서+익힘책 개념탄탄 11쪽

1 (1) 이하에 ○표 (2) 미만에 ○표
2 (1) 6에 색칠 (2) 23에 색칠
3 17, 13.4, $9\frac{1}{2}$에 ○표   4 ㉡
5 (1) 미만 (2) 이하   6 민재

1 (1) 11과 같거나 작은 수를 11 이하인 수라고 합니다.
  (2) 30보다 작은 수를 30 미만인 수라고 합니다.

2 (1) 6과 같거나 작은 수를 찾습니다.
  (2) 25보다 작은 수를 찾습니다.

3 17과 같거나 작은 수를 모두 찾으면 17, 13.4, $9\frac{1}{2}$입니다.

4 ㉠ 42와 같거나 작은 수이므로 42 이하인 수입니다.
  ㉡ 42보다 작은 수이므로 42 미만인 수입니다.
  ㉢ 42보다 큰 수이므로 42 초과인 수입니다.

5 (1) 24보다 작은 수이므로 24 미만인 수입니다.
  (2) 15와 같거나 작은 수이므로 15 이하인 수입니다.

6 38 미만인 수는 38보다 작은 수입니다.
  주의 38 미만인 수는 38을 포함하지 않습니다.

교과서+익힘책 개념탄탄 13쪽

1 (1) 이상, 미만 (2) 초과, 이하
2 (1) ㉡ (2) ㉠   3 18, 19에 ○표
4 38
5 (1) 46, 48.9 (2) 50, 52
6 55 초과 59 미만

1 (1) 11과 같거나 크고 14보다 작은 수이므로
    11 이상 14 미만인 수입니다.
  (2) 26보다 크고 29와 같거나 작은 수이므로
    26 초과 29 이하인 수입니다.

2 ㉠ 7 초과 11 이하인 수
  ㉡ 7 이상 11 이하인 수
  ㉢ 7 초과 11 미만인 수

3 17보다 크고 20보다 작은 수를 모두 찾습니다.
  주의 17 초과 20 미만인 수는 17과 20을 포함하지 않습니다.

4 그림에 나타낸 수의 범위는 38 초과 42 이하인 수입니다. 38보다 크고 42와 같거나 작은 수이므로 38은 범위에 포함되지 않습니다.

5 (1) 46과 같거나 크고 50보다 작은 수를 모두 찾습니다.
  (2) 49와 같거나 크고 52와 같거나 작은 수를 모두 찾습니다.

6 55보다 크고 59보다 작은 수이므로 55 초과 59 미만인 수입니다.

1 47, 38, 54.6, 35 / 47, 54.6

01 과 같거나, 이상에 ○표

02 세진, 아영, 정우

03 예 70 이상인 수입니다.

04 44

2 $11\frac{2}{7}$, 25에 ○표 / $11\frac{2}{7}$, 33.1, 25에 △표

05 19, 22

06 호진 / 예 무게가 10 kg 미만인 강아지를 찾을 때 10 kg인 강아지는 포함하지 않습니다.

07 나, 라　　　　**08** 풀이 참조, 7

3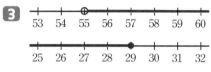

09 8 9 10 11 12 13 14 15

10 42 43 44 45 46 47 48 49 50 51 52 53

11 26 27 28 29 30 31 32 33 , 풀이 참조,
28, 29, 30

12 59 60 61 62 63 64 65 66 67 68 69

4 430, 400

13 7000, 11000　　　**14** 38000

15 13　　　　　　　　**16** 10000

1 35 이상인 수는 35와 같거나 큰 수이므로 47, 38, 54.6, 35입니다.
38 초과인 수는 38보다 큰 수이므로 47, 54.6입니다.

01 23 이상인 수는 23과 같거나 큰 수이므로 23을 포함하고, 23 초과인 수는 23보다 큰 수이므로 23을 포함하지 않습니다.

02 만 나이가 18살과 같거나 많은 사람을 모두 찾으면 세진(만 23살), 아영(만 20살), 정우(만 19살)입니다.

03 70 초과인 수는 70보다 큰 수이고, 70 이상인 수는 70과 같거나 큰 수이므로 70 초과인 수는 70을 포함하지 않습니다.
　다른 풀이 · 주어진 문장을 70을 포함하는 다른 수의 범위로 고칠 수 있습니다.
　　➡ 예 70은 70 이하인 수입니다.
　· 주어진 문장을 70을 포함하지 않는 수의 범위로 고칠 수 있습니다.

➡ 예 70은 69 초과인 수입니다.
　　70은 71 미만인 수입니다.

04 43 초과인 자연수는 43보다 큰 자연수이므로 44, 45, 46, …입니다. 따라서 43 초과인 자연수 중에서 가장 작은 수는 44입니다.

2 30 이하인 수는 30과 같거나 작은 수이므로 $11\frac{2}{7}$, 25입니다.
35 미만인 수는 35보다 작은 수이므로 $11\frac{2}{7}$, 33.1, 25입니다.

05 19 미만인 수는 19보다 작은 수이므로 19를 포함하지 않습니다.

06 10 미만인 수는 10보다 작은 수이므로 10을 포함하지 않습니다.

07 자동차의 높이가 4.3 m와 같거나 낮은 자동차는 나, 라입니다.

08 예 ❶ 7 이하인 자연수는 7과 같거나 작은 자연수이므로 1, 2, 3, 4, 5, 6, 7입니다.
❷ 따라서 7 이하인 자연수는 모두 7개입니다.
❸ 7

채점 기준
❶ 7 이하인 자연수를 모두 찾은 경우
❷ 7 이하인 자연수의 개수를 구한 경우
❸ 답을 바르게 쓴 경우

주의 7 이하인 수이므로 7을 포함합니다.

3 55 초과인 수는 55보다 큰 수이므로 ○를 이용하여 그림에 나타냅니다.
29 이하인 수는 29와 같거나 작은 수이므로 ●를 이용하여 그림에 나타냅니다.

09 10 이상인 수는 10과 같거나 큰 수이므로 ●를, 13 미만인 수는 13보다 작은 수이므로 ○를 이용하여 그림에 나타냅니다.

10 준서의 몸무게는 49 kg이므로 준서가 포함되는 체급은 몸무게가 45 kg 초과 49 kg 이하인 웰터급입니다.
45 초과 49 이하이므로 45는 ○를, 49는 ●를 이용하여 그림에 나타냅니다.

바른답·알찬풀이

11 ❶ 수의 범위를 그림에 나타냅니다.

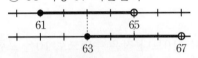

예 ❷ 27보다 크고 31보다 작은 수이므로 주어진 수의 범위에 있는 자연수는 28, 29, 30입니다.

❸ 28, 29, 30

채점 기준
❶ 수의 범위를 그림에 나타낸 경우
❷ 수의 범위에 있는 자연수를 모두 구한 경우
❸ 답을 바르게 쓴 경우

12 ㉠ 61 이상 65 미만인 수
㉡ 63 이상 67 미만인 수

㉠, ㉡에 공통으로 포함되는 수의 범위는 63 이상 65 미만인 수이므로 63은 ●를, 65는 ○를 이용하여 그림에 나타냅니다.

④ 8.7 g이 포함되는 무게의 범위가 5 g 초과 25 g 이하이므로 은지의 이용 요금은 430원이고, 5 g이 포함되는 무게의 범위가 5 g 이하이므로 재석이의 이용 요금은 400원입니다.

13 13살이 포함되는 나이의 범위는 8살 이상 14살 미만이므로 7000원이고, 43살이 포함되는 나이의 범위는 20살 이상이므로 11000원입니다.

14 아버지(43살)와 어머니(38살)가 포함되는 나이의 범위는 20살 이상이므로 11000원이고, 승호(13살)가 포함되는 나이의 범위는 8살 이상 14살 미만이므로 7000원이고, 형(14살)이 포함되는 나이의 범위는 14살 이상 20살 미만이므로 9000원입니다.
따라서 내야 하는 요금은 모두
11000+11000+7000+9000=38000(원)입니다.

15 12살인 수지는 무료이고, 13살인 서진이는 입장료를 내야 하므로 13살 미만이어야 무료로 입장할 수 있습니다.

16 (소포의 무게)=19.5+0.5=20 (kg)
따라서 20 kg은 무게가 10 kg 초과 20 kg 이하에 포함되므로 소포의 이용 요금은 10000원입니다.

교과서+익힘책 개념탄탄   19쪽

1 올려서에 ○표
2 (1) 8 0   (2) 1 6 0   (3) 20 3 0
3 (1) 3 . 7   (2) 5 . 1
4 (1) 백에 ○표   (2) 첫째에 ○표
5 (1) 2500   (2) 11000
6 8210, 8300, 9000

1 구하려는 자리의 아래 수를 올려서 나타내는 방법을 올림이라고 합니다.

2 십의 자리의 아래 수를 올려서 나타냅니다.
(1) 71 → 80   (2) 154 → 160
(3) 2023 → 2030

3 소수 첫째 자리의 아래 수를 올려서 나타냅니다.
(1) 3.68 → 3.7   (2) 5.025 → 5.1

4 (1) 1234 → 1300
(2) 73.615 → 73.7

5 (1) 백의 자리의 아래 수를 올려서 나타냅니다.
2450 → 2500
(2) 천의 자리의 아래 수를 올려서 나타냅니다.
10234 → 11000

6 8209를 올림하여 십의 자리까지 나타내기:
8209 → 8210
8209를 올림하여 백의 자리까지 나타내기:
8209 → 8300
8209를 올림하여 천의 자리까지 나타내기:
8209 → 9000

교과서+익힘책 개념탄탄   21쪽

1 버려서에 ○표
2 (1) 1 0   (2) 2 3 0   (3) 14 5 0
3 (1) 4 . 7   (2) 9 . 3
4 (1) 천에 ○표   (2) 둘째에 ○표
5 (1) 6000   (2) 23000
6 9130, 9100, 9000

1 구하려는 자리의 아래 수를 버려서 나타내는 방법을 버림이라고 합니다.

---

2 십의 자리의 아래 수를 버려서 나타냅니다.

  (1) 14 → 10   (2) 237 → 230

  (3) 1452 → 1450

3 소수 첫째 자리의 아래 수를 버려서 나타냅니다.

  (1) 4.76 → 4.7   (2) 9.308 → 9.3

4 (1) 3608 → 3000

  (2) 5.093 → 5.09

5 (1) 백의 자리의 아래 수를 버려서 나타냅니다.

     6050 → 6000

  (2) 천의 자리의 아래 수를 버려서 나타냅니다.

     23704 → 23000

6 9136을 버림하여 십의 자리까지 나타내기:

  9136 → 9130

  9136을 버림하여 백의 자리까지 나타내기:

  9136 → 9100

  9136을 버림하여 천의 자리까지 나타내기:

  9136 → 9000

4 구하려는 자리 바로 아래 자리의 숫자가 0, 1, 2, 3, 4 이면 버리고, 5, 6, 7, 8, 9이면 올려서 나타냅니다.

  (1) 7208 → 7200   (2) 63795 → 64000

    ↑ 버립니다.   ↑ 올립니다.

5 8425를 반올림하여 십의 자리까지 나타내기:

  8425 → 8430

   ↑ 올립니다.

  8425를 반올림하여 백의 자리까지 나타내기:

  8425 → 8400

   ↑ 버립니다.

  8425를 반올림하여 천의 자리까지 나타내기:

  8425 → 8000

   ↑ 버립니다.

6 (1) 2970을 반올림하여 백의 자리까지 나타내면

     2970 → 3000입니다.

      ↑ 올립니다.

  (2) 13486을 반올림하여 천의 자리까지 나타내면

     13486 → 13000입니다.

      ↑ 버립니다.

교과서+익힘책 개념탄탄   23쪽

1 (1)

  (2) 150   (3) 150

2 (1) 7 0   (2) 3 8 0   (3) 12 9 0

3 (1) 7 . 1   (2) 2 . 5   **4** (1) 7200   (2) 64000

5 8430, 8400, 8000   **6** (1) ○ (2) ✕

1 148은 140과 150 중에서 150에 더 가까우므로 150 쯤으로 나타낼 수 있습니다.

2 십의 자리 바로 아래 자리의 숫자가 0, 1, 2, 3, 4이 면 버리고, 5, 6, 7, 8, 9이면 올려서 나타냅니다.

  (1) 69 → 70   (2) 384 → 380

   ↑ 올립니다.   ↑ 버립니다.

  (3) 1287 → 1290

    ↑ 올립니다.

3 소수 첫째 자리 바로 아래 자리의 숫자가 0, 1, 2, 3, 4이면 버리고, 5, 6, 7, 8, 9이면 올려서 나타냅니다.

  (1) 7.06 → 7.1   (2) 2.539 → 2.5

   ↑ 올립니다.   ↑ 버립니다.

교과서+익힘책 개념탄탄   25쪽

1 (1) 15   (2) 150, 버림   (3) 150

2 (1) 6   (2) 700, 올림   (3) 7

3 올림   **4** 나연

5 버림에 ○표, 18000   **6** 올림에 ○표 / 1200

1 (2) 한 상자에 10개씩 담아야만 팔 수 있으므로 버림 으로 어림해야 합니다.

2 (2) 남은 흙 49자루도 트럭에 실어야 하므로 올림으 로 어림해야 합니다.

3 1000원짜리 지폐 3장은 3000원입니다.

  2300을 3000으로 나타냈으므로 올림하여 천의 자리 까지 나타낸 것입니다.

4 정수와 하훈이는 책장의 높이를 버림하여 각각 천의 자리, 백의 자리까지 나타냈습니다.

  1894 → 1000, 1894 → 1800

5 18670을 버림하여 천의 자리까지 나타내면 18000 이므로 최대 18000원까지 바꿀 수 있습니다.

6 1140을 올림하여 백의 자리까지 나타내면 1200이 므로 밀가루는 최소 1200 g을 사야 합니다.

바른답·알찬풀이

유형별 실력쑥쑥

26~29쪽

1 (위에서부터) 20, 10, 10 / 410, 400, 410 / 5280, 5270, 5280

01 17000, 16000, 16000

02 3416에 ○표

03 (왼쪽에서부터) 2500, =, 2500

04 ㄷ

2 ㄱ

05 67.02, 67.01, 67.01

06 승우, 예 17.548을 반올림하여 소수 둘째 자리까지 나타내면 17.55입니다.

07 풀이 참조, 32.7   **08** 98.8, 98.7, 98.8

3 1648

09 수영   **10** 3760, 3815에 ○표

11 ㄴ   **12** 51

4 58, 4

13 3

14

1 kg씩 파는 콩이 2.4 kg 필요할 때 사야 하는 콩의 양	
자두 1347개를 100개씩 상자에 담아 팔 때 팔 수 있는 자두 수	○
42명이 10명씩 탈 수 있는 버스에 탈 때 최소로 필요한 버스 수	

15 풀이 참조, 6000   **16** 17500

---

1 • 올림: 13 → 20, 405 → 410, 5279 → 5280
　• 버림: 13 → 10, 405 → 400, 5279 → 5270
　• 반올림: 13 → 10, 405 → 410, 5279 → 5280
　　　　　 ↑버립니다. ↑올립니다. ↑올립니다.

01 • 올림: 16473 → 17000
　• 버림: 16473 → 16000
　• 반올림: 16473 → 16000
　　　　　　 ↑버립니다.

02 • 2158을 반올림하여 백의 자리까지 나타내면
　2158 → 2200이고, 버림하여 백의 자리까지 나타
　↑올립니다.
　내면 2158 → 2100입니다.
　• 3416을 반올림하여 백의 자리까지 나타내면
　3416 → 3400이고, 버림하여 백의 자리까지 나타
　↑버립니다.
　내면 3416 → 3400입니다.

03 • 2497을 올림하여 백의 자리까지 나타낸 수:
　2497 → 2500
　• 2497을 반올림하여 십의 자리까지 나타낸 수:
　2497 → 2500
　　　↑올립니다.

04 ㄱ 4862 → 4900   ㄴ 8510 → 8500
　　 ↑올립니다.　　　　 ↑버립니다.
　ㄷ 9046 → 9000
　　 ↑버립니다.
　따라서 잘못 나타낸 것은 ㄷ입니다.

2 ㄱ 1.248을 버림하여 소수 첫째 자리까지 나타내면
　1.248 → 1.2입니다.
　ㄴ 3.47을 올림하여 일의 자리까지 나타내면
　3.47 → 4입니다.

05 • 올림: 67.013 → 67.02
　• 버림: 67.013 → 67.01
　• 반올림: 67.013 → 67.01
　　　　　　 ↑버립니다.

07 예 **①** 해수가 나타낸 수는 32.643 → 32.65입니다.
　② 32.65를 반올림하여 소수 첫째 자리까지 나타내면
　32.65 → 32.7입니다.
　③ 32.7

채점 기준
① 32.623을 올림하여 소수 둘째 자리까지 나타낸 경우
② 해수가 나타낸 수를 반올림하여 소수 첫째 자리까지 나타낸 경우
③ 답을 바르게 쓴 경우

08 9>8>7>5이므로 만들 수 있는 가장 큰 소수 두 자리 수는 98.75입니다.
　• 올림: 98.75 → 98.8
　• 버림: 98.75 → 98.7
　• 반올림: 98.75 → 98.8
　　　　　　 ↑올립니다.

3 수를 올림하여 백의 자리까지 나타내면
　1593 → 1600, 1817 → 1900,
　1648 → 1700입니다.

09 수를 버림하여 십의 자리까지 나타내면
　251 → 250, 245 → 240, 239 → 230입니다.

10 수를 반올림하여 백의 자리까지 나타내면 다음과 같습니다.

$3760 \rightarrow 3800$ $3856 \rightarrow 3900$
   ↑올립니다.   ↑올립니다.

$3729 \rightarrow 3700$ $3815 \rightarrow 3800$
   ↑버립니다.   ↑버립니다.

11 ㉠ 올림: $4580 \rightarrow 4600$, 버림: $4580 \rightarrow 4500$,
반올림: $4580 \rightarrow 4600$
      ↑올립니다.

㉡ 올림: $4600 \rightarrow 4600$, 버림: $4600 \rightarrow 4600$,
반올림: $4600 \rightarrow 4600$
      ↑버립니다.

12 수 카드로 만들 수 있는 두 자리 수는 15, 19, 51, 59, 91, 95입니다. 반올림하여 십의 자리까지 나타내면 $15 \rightarrow 20$, $19 \rightarrow 20$, $51 \rightarrow 50$, $59 \rightarrow 60$, $91 \rightarrow 90$, $95 \rightarrow 100$이므로 반올림하여 십의 자리까지 나타내면 50이 되는 수는 51입니다.

4 공장에서 만든 사탕은 모두 $248+336=584$(개)입니다.
한 봉지에 10개가 안 되는 사탕은 팔 수 없으므로 584를 버림하여 십의 자리까지 나타내면 580입니다. 따라서 한 봉지에 10개씩 담아서 팔 수 있는 사탕은 최대 58봉지이고, 남는 사탕은 4개입니다.

13 (학교에서 도서관을 지나 서점까지의 거리)
  =(학교에서 도서관까지의 거리)
    +(도서관에서 서점까지의 거리)
  =$1.3+1.9=3.2$ (km)
3.2를 반올림하여 일의 자리까지 나타내면
$3.2 \rightarrow 3$입니다. 따라서 3 km입니다.
 ↑버립니다.

14

㉠	1 kg씩 파는 콩이 2.4 kg 필요할 때 사야 하는 콩의 양
㉡	자두 1347개를 100개씩 상자에 담아 팔 때 팔 수 있는 자두 수
㉢	42명이 10명씩 탈 수 있는 버스에 탈 때 최소로 필요한 버스 수

㉠, ㉢은 올림을 이용하여 구할 수 있고, ㉡은 버림을 이용하여 구할 수 있습니다.
㉠ 사야 하는 콩은 3 kg입니다.
㉡ 팔 수 있는 자두는 1300개입니다.
㉢ 최소로 필요한 버스는 5대입니다.

15 예 ❶ 10장씩 140장을 사고 남은 2장을 더 사야 하므로 최소 15묶음을 사야 합니다.
❷ 따라서 문구점에서 색종이를 산다면
최소 $400 \times 15=6000$(원)이 필요합니다.
❸ 6000

채점 기준
❶ 사야 하는 색종이의 최소 묶음 수를 구한 경우
❷ 색종이를 사는 데 필요한 최소 금액을 구한 경우
❸ 답을 바르게 쓴 경우

16 1 m=100 cm이므로 7.8 m=780 cm입니다.
780을 버림하여 백의 자리까지 나타내면 700이므로 한 도막에 100 cm씩 자른다면 최대 7도막까지 팔 수 있습니다.
따라서 한 도막에 2500원씩 7도막까지 팔 수 있으므로 최대 $2500 \times 7=17500$(원)까지 받을 수 있습니다.

응용＋수학역량 UP UP   30~33쪽

1 (1)  (2) ㉡, ㉢

1-1 ㉡, ㉢

1-2 21, 22, 23

2 (1) 115 (2) 125

   (3)

2-1

50

2-2

799, 700

3 (1) 천, 1에 ○표 (2) 5

3-1 (왼쪽에서부터) 8, 7

3-2 0, 1, 2, 3, 4

4 (1) 920, 930 (2) 925, 926, 927, 928, 929, 930
   (3) 926, 927, 928

4-1 6869

4-2 278, 279

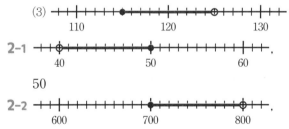

1 (1) 초과와 미만은 ○를, 이상과 이하는 ●를 이용하여 그림에 나타냅니다.

1-1

1-2 ㉠ 19 이상 24 미만인 자연수: 19, 20, 21, 22, 23
㉡ 20 초과 25 이하인 자연수: 21, 22, 23, 24, 25
따라서 ㉠과 ㉡에 공통으로 포함되는 자연수는 21, 22, 23입니다.

다른풀이 ㉠과 ㉡을 그림에 나타내면 다음과 같습니다.

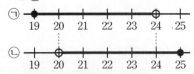

따라서 ㉠과 ㉡에 공통으로 포함되는 자연수는 21, 22, 23입니다.

2 (1) 120보다 작으면서 반올림하여 십의 자리까지 나타낸 수가 120이 되려면 일의 자리 숫자가 5, 6, 7, 8, 9 중에 하나이어야 하므로 어떤 수는 115 이상이어야 합니다.
(2) 120과 같거나 크면서 반올림하여 십의 자리까지 나타낸 수가 120이 되려면 일의 자리 숫자가 0, 1, 2, 3, 4 중에 하나이어야 하므로 어떤 수는 125 미만이어야 합니다.
(3) 어떤 수가 될 수 있는 수는 115 이상 125 미만인 수이므로 115는 ●를, 125는 ○를 이용하여 그림에 나타냅니다.

2-1 올림하여 십의 자리까지 나타내면 50이 되는 수의 범위는 40 초과 50 이하인 수이므로 40은 ○를, 50은 ●를 이용하여 그림에 나타냅니다. 따라서 어떤 수가 될 수 있는 수는 40보다 크고 50과 같거나 작은 수이므로 가장 큰 자연수는 50입니다.

2-2 버림하여 백의 자리까지 나타내면 700이 되는 수의 범위는 700 이상 800 미만인 수이므로 700은 ●를, 800은 ○를 이용하여 그림에 나타냅니다. 따라서 어떤 수가 될 수 있는 수는 700과 같거나 크고 800보다 작은 수이므로 가장 큰 자연수는 799이고, 가장 작은 자연수는 700입니다.

3 (1) 올림은 구하려는 자리의 아래 수를 올려서 나타내는 방법이므로 1□274를 올림하여 천의 자리까지 나타내면 천의 자리 숫자가 1 커집니다.
(2) 1□274를 올림하여 천의 자리까지 나타낸 수가 16000이므로 올림하기 전의 수는 천의 자리 숫자가 1 작은 15274입니다.
따라서 □ 안에 알맞은 수는 5입니다.

3-1 275를 반올림하여 십의 자리까지 나타내면 280이 됩니다.
2□3, 2□8에서 일의 자리 숫자가 각각 3, 8이므로
2□3 ➡ 280 ➡ □=8이고,
2□8 ➡ 280 ➡ □=7입니다.

3-2 5□61을 버림하여 천의 자리까지 나타내면 5000입니다.
5□61을 반올림하여 천의 자리까지 나타낸 수가 5000이 되려면 백의 자리 숫자 □는 5보다 작아야 합니다.
따라서 0부터 9까지의 수 중에서 □ 안에 들어갈 수 있는 수는 0, 1, 2, 3, 4입니다.

4 (1) 올림하여 십의 자리까지 나타낼 때 930이 되는 수는 920보다 크고 930과 같거나 작은 수입니다.
(2) 반올림하여 십의 자리까지 나타낼 때 930이 되는 자연수는 925, 926, 927, 928, 929, 930입니다.
(3) 5 초과 8 이하인 자연수는 6, 7, 8입니다.
따라서 (2)에서 구한 자연수 중에서 일의 자리 숫자가 6, 7, 8인 수를 찾으면 926, 927, 928입니다.

4-1 • 반올림하여 십의 자리까지 나타내면 6870인 자연수:
6865, 6866, ..., 6873, 6874
• 일의 자리 수는 6과 같거나 크고 9와 같거나 작은 수이므로 6, 7, 8, 9입니다.
➡ 6866, 6867, 6868, 6869
따라서 **조건**에 맞는 가장 큰 자연수는 6869입니다.
참고 반올림하여 십의 자리까지 나타내면 6870이 되는 수의 범위는 6865 이상 6875 미만입니다.

4-2 • 200 이상 300 미만인 수이므로 백의 자리 숫자는 2입니다.
• 십의 자리 수는 6보다 크고 8보다 작은 자연수이므로 7입니다.
• 일의 자리 수는 십의 자리 수보다 크므로 8, 9입니다.
따라서 **조건**에 맞는 자연수는 278, 279입니다.

단원 평가 1회

34~36쪽

01	30, 44, 52	02	6, 9
03	35, 29에 ○표	04	370
05	56 이상 60 미만		
06	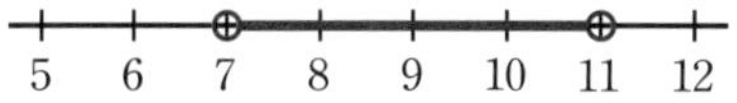		
07	7000, 6000, 6000	08	동생, 동규
09	한희	10	상호, 은성
11	㉡	12	>
13	㉣	14	32000
15	220	16	㉠
17	5, 6, 7, 8, 9	18	3
19	풀이 참조, 122	20	풀이 참조, 850

01 30 이상인 수는 30과 같거나 큰 수이므로 30, 44, 52입니다.

02 13 미만인 수는 13보다 작은 수이므로 6, 9입니다.

03 22 초과 35 이하인 수는 22보다 크고 35와 같거나 작은 수이므로 35, 29입니다.

04 십의 자리의 아래 수를 올려서 나타냅니다.
369 → 370

05 56과 같거나 크고 60보다 작은 수이므로
56 이상 60 미만인 수입니다.

06 7 초과인 수는 7보다 큰 수이므로 ○를, 11 미만인 수는 11보다 작은 수이므로 ○를 이용하여 그림에 나타냅니다.

07
- 올림: 6147 → 7000
- 버림: 6147 → 6000
- 반올림: 6147 → 6000 (버립니다.)

08 나이가 15살 이상만 관람할 수 있으므로 15살과 같거나 많은 사람만 볼 수 있습니다. 따라서 이 영화를 볼 수 없는 사람은 15살보다 적은 동생(10살), 동규(14살)입니다.

09 동원이의 몸무게는 50.1 kg이므로 용장급입니다. 용장급인 친구는 한희(52.4 kg)입니다.

10 그림에 나타낸 몸무게의 범위는 45 kg 초과 50 kg 이하이므로 청장급입니다. 따라서 청장급인 친구는 상호(46.8 kg), 은성(50.0 kg)입니다.

11 ㉠ 2085 → 2080
㉡ 4770 → 4770
㉢ 3942 → 3940
따라서 잘못 나타낸 것은 ㉡입니다.

12
- 3216을 올림하여 백의 자리까지 나타낸 수:
3216 → 3300
- 3249를 반올림하여 십의 자리까지 나타낸 수:
3249 → 3250 (올립니다.)

➡ 3300＞3250

13 반올림하여 백의 자리까지 나타내면 다음과 같습니다.
㉠ 7743 → 7700 (버립니다.)　㉡ 7904 → 7900 (버립니다.)
㉢ 7864 → 7900 (올립니다.)　㉣ 7751 → 7800 (올립니다.)

14 100원짜리 동전 326개는 32600원입니다.
따라서 32600원을 1000원짜리 지폐로 바꾼다면 32000원까지 바꿀 수 있습니다.

15 필요한 공책은 213권이고, 부족하지 않게 사야 하므로 213을 올림하여 십의 자리까지 나타내어 구합니다. 213 → 220
따라서 공책은 최소 220권을 사야 합니다.

16 ㉠은 버림을 이용하여 구할 수 있고, ㉡, ㉢은 올림을 이용하여 구할 수 있습니다.
㉠ 받을 수 있는 상품은 최대 3개입니다.
㉡ 최소로 필요한 금액은 10000원입니다.
㉢ 사야 하는 설탕은 4 kg입니다.

17 42□6을 올림하여 백의 자리까지 나타내면 4300입니다.
42□6을 반올림하여 백의 자리까지 나타낸 수가 4300이 되려면 십의 자리 수가 5와 같거나 커야 합니다.
따라서 0부터 9까지의 수 중에서 □ 안에 들어갈 수 있는 수는 5, 6, 7, 8, 9입니다.

18 35 이상 53 미만인 수이므로 수 카드 중에서 십의 자리 숫자가 될 수 있는 수는 3 또는 5입니다.
- 십의 자리 숫자가 3일 때: 31, 35, 37
- 십의 자리 숫자가 5일 때: 51, 53, 57

따라서 이 중에서 35 이상 53 미만인 수는 35, 37, 51이므로 모두 3개입니다.

19 예 ❶ 28 초과 32 이하인 자연수는 28보다 크고 32와 같거나 작은 자연수이므로 29, 30, 31, 32입니다.
❷ 따라서 28 초과 32 이하인 자연수들의 합은 29＋30＋31＋32＝122입니다.
❸ 122

채점 기준	배점
❶ 28 초과 32 이하인 자연수를 모두 구한 경우	2점
❷ 28 초과 32 이하인 자연수들의 합을 구한 경우	1점
❸ 답을 바르게 쓴 경우	2점

20 예 ❶ 6152를 올림하여 천의 자리까지 나타내면 7000이고, 버림하여 십의 자리까지 나타내면 6150입니다.
❷ 따라서 두 수의 차는 7000－6150＝850입니다.
❸ 850

채점 기준	배점
❶ 6152를 올림하여 천의 자리까지, 버림하여 십의 자리까지 나타낸 수를 각각 구한 경우	2점
❷ 어림하여 나타낸 두 수의 차를 구한 경우	1점
❸ 답을 바르게 쓴 경우	2점

단원 평가 2회　37~39쪽

01 16, 34
02 42, 33$\frac{1}{4}$에 ○표 / 25.6, 18, 27에 △표
03 1000, 3800　　04 5130
05 문주
06
```
  ┌─○─────────●─────
 17 18 19 20 21 22 23 24
```
07 3.6, 3.5, 3.6　　08 ㉠, ㉣
09 ㉠　　10 3
11 6　　12 버림에 ○표 / 83
13 21000　　14 3
15 9614　　16 8.64, 2.47
17 5350, 5450　　18 4.5, 5.3, 5.4
19 풀이 참조　　20 풀이 참조, 41, 42, 43

01 49 미만인 수는 49보다 작은 수이므로 16, 34입니다.

02 27 초과인 수는 27보다 큰 수이므로 42, 33$\frac{1}{4}$입니다.
27 이하인 수는 27과 같거나 작은 수이므로 25.6, 18, 27입니다.

03 백의 자리의 아래 수를 버려서 나타냅니다.
1020을 버림하여 백의 자리까지 나타내기:
1020 → 1000
3843을 버림하여 백의 자리까지 나타내기:
3843 → 3800

04 십의 자리 바로 아래 자리의 숫자가 0, 1, 2, 3, 4이면 버리고, 5, 6, 7, 8, 9이면 올려서 나타냅니다.
5132 → 5130
　　↑ 버립니다.

05 27과 같거나 크고 33보다 작은 자연수는 27, 28, 29, 30, 31, 32입니다.
따라서 27 이상 33 미만인 자연수만 쓴 친구는 문주입니다.

06 19 초과인 수는 19보다 큰 수이므로 ○를, 22 이하인 수는 22와 같거나 작은 수이므로 ●를 이용하여 그림에 나타냅니다.

07 • 올림: 3.572 → 3.6
• 버림: 3.572 → 3.5
• 반올림: 3.572 → 3.6
　　　　↑ 올립니다.

08 ㉠ 80과 같거나 큰 수
㉡ 80보다 큰 수
㉢ 80보다 작은 수
㉣ 80과 같거나 작은 수
참고 ■ 이상인 수와 ■ 이하인 수는 ■를 포함하고, ■ 초과인 수와 ■ 미만인 수는 ■를 포함하지 않습니다.

09 ㉠ 247을 올림하여 백의 자리까지 나타내면
247 → 300입니다.
㉡ 294를 버림하여 십의 자리까지 나타내면
294 → 290입니다.
따라서 300＞290이므로 ㉠＞㉡입니다.

10 식중독 지수가 55와 같거나 높고 71보다 낮은 지점은 나(55), 다(70), 라(63)로 모두 3곳입니다.

11 그림에 나타낸 수의 범위는 67 이상 73 미만인 수입니다. 따라서 67과 같거나 크고 73보다 작은 자연수이므로 67, 68, 69, 70, 71, 72로 모두 6개입니다.

12 10 cm가 되지 않는 리본으로는 꽃을 만들 수 없으므로 버림으로 어림해야 합니다.
834를 버림하여 십의 자리까지 나타내면 830이므로 꽃을 최대 83송이까지 만들 수 있습니다.

13 어머니(40살)와 아버지(45살)가 포함되는 나이의 범위는 19살 이상 64살 미만이므로 6000원입니다.
누나(13살)와 정원(12살)이가 포함되는 나이의 범위는 12살 이상 19살 미만이므로 4500원입니다.
할아버지(65살)가 포함되는 나이의 범위는 64살 이상이므로 무료입니다.
따라서 정원이네 가족의 입장료는
$6000 \times 2 + 4500 \times 2 = 21000$(원)입니다.

14 정원이네 가족의 입장료가 21000원이므로 10000원짜리 지폐로 최소 3장 내야 합니다.
참고 21000원을 올림하여 만의 자리까지 나타내면 30000원입니다.

15 비밀번호를 올림하여 백의 자리까지 나타내면 9700이 되므로 올림하기 전의 수는 96■▲ 또는 9700입니다.
따라서 사물함 자물쇠의 비밀번호는 9614입니다.
다른 풀이 올림하여 백의 자리까지 나타내면 9700이 되는 수의 범위는 9600 초과 9700 이하입니다.
□□14를 올림하여 백의 자리까지 나타내면 9700이 되므로 □□14는 9600보다 크고 9700과 같거나 작습니다.
따라서 사물함 자물쇠의 비밀번호를 9614입니다.

16 만들 수 있는 가장 큰 소수 세 자리 수는 8.642이고, 가장 작은 소수 세 자리 수는 2.468입니다.
8.642를 반올림하여 소수 둘째 자리까지 나타내면
8.642 → 8.64입니다.
2.468을 반올림하여 소수 둘째 자리까지 나타내면
2.468 → 2.47입니다.

17 반올림하여 백의 자리까지 나타낼 때 십의 자리 숫자가 5, 6, 7, 8, 9이면 올림하므로 5350 이상이고, 십의 자리 숫자가 0, 1, 2, 3, 4이면 버림하므로 5450 미만입니다.
따라서 어떤 수가 될 수 있는 수의 범위는 5350 이상 5450 미만입니다.

18 자연수 부분이 될 수 있는 수는 4, 5이고, 소수 첫째 자리 숫자가 될 수 있는 수는 3, 4, 5입니다.
만들 수 있는 소수 한 자리 수는 4.3, 4.4, 4.5, 5.3, 5.4, 5.5입니다.
따라서 이 중에서 반올림하여 일의 자리까지 나타내면 5가 되는 수는 4.5, 5.3, 5.4입니다.

19 **예** **방법 1** (올림 , ⃝버림 , 반올림)
❶ 2638을 버림하여 백의 자리까지 나타내면 2600입니다.
방법 2 (올림 , 버림 , ⃝반올림)
❷ 2638을 반올림하여 백의 자리까지 나타내면 2600입니다.

채점 기준	배점
❶ 한 가지 어림 방법을 찾고, 찾은 방법으로 설명한 경우	3점
❷ 다른 어림 방법을 찾고, 찾은 방법으로 설명한 경우	2점

참고 • 어림한 수가 2600이므로 수를 어림하여 백의 자리까지 나타냈습니다.
• 2638을 올림하여 백의 자리까지 나타내면 2700입니다.

20 **예** ❶ ㉠ 37 초과 43 이하인 자연수는 38, 39, 40, 41, 42, 43입니다.
㉡ 41 이상 46 미만인 자연수는 41, 42, 43, 44, 45입니다.
❷ 따라서 두 수의 범위에 공통으로 포함되는 자연수는 41, 42, 43입니다.
❸ 41, 42, 43

채점 기준	배점
❶ ㉠, ㉡의 범위에 포함되는 자연수를 각각 구한 경우	2점
❷ 두 수의 범위에 공통으로 포함되는 자연수를 모두 구한 경우	1점
❸ 답을 바르게 쓴 경우	2점

다른 풀이

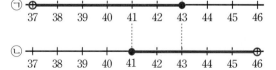

㉠과 ㉡에 공통으로 포함되는 수의 범위는 41 이상 43 이하인 수입니다.
따라서 41 이상 43 이하인 자연수는 41, 42, 43입니다.

2단원 분수의 곱셈

1 3

2 $\dfrac{\boxed{5}}{3}$, $1\dfrac{\boxed{2}}{3}$

3 2, 2, 2, 2

4 (   )(◯)

5 (1) $\dfrac{7}{9} \times 3 = \dfrac{7 \times 3}{9} = \dfrac{\boxed{7} \atop 21}{\underset{\boxed{3}}{9}}$

$= \dfrac{\boxed{7}}{\boxed{3}} = \boxed{2}\dfrac{\boxed{1}}{\boxed{3}}$

(2) $\dfrac{7}{9} \times 3 = \dfrac{7 \times \overset{\boxed{1}}{3}}{\underset{\boxed{3}}{9}} = \dfrac{\boxed{7}}{\boxed{3}} = \boxed{2}\dfrac{\boxed{1}}{\boxed{3}}$

(3) $\dfrac{7}{\underset{\boxed{3}}{9}} \times \overset{\boxed{1}}{3} = \dfrac{\boxed{7}}{\boxed{3}} = \boxed{2}\dfrac{\boxed{1}}{\boxed{3}}$

6 (1) $1\dfrac{5}{7}$ (2) $1\dfrac{3}{5}$

---

1 (진분수)×(자연수)는 분수의 분모는 그대로 두고, 분수의 분자와 자연수를 곱합니다.

2 $\dfrac{1}{3} \times 5$는 $\dfrac{1}{3}$을 5번 더한 것과 같습니다.

> **참고** 분모가 같은 진분수의 덧셈은 분모는 그대로 두고 분자끼리 더한 다음 계산 결과가 가분수이면 대분수로 바꿉니다.
>
> $\dfrac{1}{3} + \dfrac{1}{3} + \dfrac{1}{3} + \dfrac{1}{3} + \dfrac{1}{3} = \dfrac{1+1+1+1+1}{3}$
> $= \dfrac{5}{3} = 1\dfrac{2}{3}$

4 (진분수)×(자연수)에서 자연수는 진분수의 분자와 곱해야 하므로 분모와 자연수를 약분해야 합니다.

$\dfrac{5}{\underset{1}{6}} \times \overset{5}{30} = 25$

5 분수의 곱셈을 계산할 때 분모와 분자를 1이 아닌 공약수로 약분할 수 있습니다.

6 (1) $\dfrac{3}{7} \times 4 = \dfrac{3 \times 4}{7} = \dfrac{12}{7} = 1\dfrac{5}{7}$

(2) $\dfrac{8}{15} \times 3 = \dfrac{8 \times \overset{1}{3}}{\underset{5}{15}} = \dfrac{8}{5} = 1\dfrac{3}{5}$

---

1 $\dfrac{\boxed{2}}{3}$, $2\dfrac{\boxed{2}}{3}$

2 $\dfrac{3 \times \boxed{3}}{2}$, $\dfrac{\boxed{9}}{2}$, $\boxed{4}\dfrac{\boxed{1}}{2}$

3 ㉢

4 (1) $1\dfrac{2}{9} \times 4 = 1 \times \boxed{4} + \dfrac{2}{9} \times \boxed{4}$

$= \boxed{4} + \dfrac{\boxed{8}}{9} = \boxed{4}\dfrac{\boxed{8}}{9}$

(2) $1\dfrac{2}{9} \times 4 = \dfrac{11}{9} \times 4 = \dfrac{11 \times \boxed{4}}{9}$

$= \dfrac{\boxed{44}}{9} = \boxed{4}\dfrac{\boxed{8}}{9}$

5 예 $2\dfrac{5}{6} \times 4 = \dfrac{17}{6} \times 4 = \dfrac{17 \times \overset{2}{4}}{\underset{3}{6}} = \dfrac{34}{3} = 11\dfrac{1}{3}$

6 (1) $4\dfrac{7}{8}$ (2) $5\dfrac{1}{2}$

---

1 $1\dfrac{1}{3} = 1 + \dfrac{1}{3}$로 보고 $1\dfrac{1}{3} \times 2$를 1×2와 $\dfrac{1}{3} \times 2$의 합으로 계산합니다.

2 대분수를 가분수로 바꾼 다음 계산합니다.

3 $\underset{㉠}{\underline{1\dfrac{2}{5} + 1\dfrac{2}{5} + 1\dfrac{2}{5}}} = 1\dfrac{2}{5} \times 3 = \underset{㉡}{\underline{1 \times 3 + \dfrac{2}{5} \times 3}}$,

$1\dfrac{2}{5} \times 3 = \underset{㉣}{\underline{\dfrac{7}{5} \times 3}}$

4 (1) $1\dfrac{2}{9} = 1 + \dfrac{2}{9}$로 보고 $1\dfrac{2}{9} \times 4$를 1×4와 $\dfrac{2}{9} \times 4$의 합으로 계산합니다.

(2) 대분수를 가분수로 바꾼 다음 계산합니다.

5 대분수를 가분수로 바꾼 다음 분수의 분모는 그대로 두고, 분수의 분자와 자연수를 곱합니다.

6 (1) $1\dfrac{5}{8} \times 3 = \dfrac{13}{8} \times 3 = \dfrac{13 \times 3}{8} = \dfrac{39}{8} = 4\dfrac{7}{8}$

(2) $2\dfrac{3}{4} \times 2 = \dfrac{11}{4} \times 2 = \dfrac{11 \times \overset{1}{2}}{\underset{2}{4}} = \dfrac{11}{2} = 5\dfrac{1}{2}$

1 2

2 $\dfrac{2 \times \boxed{2}}{5}$, $\dfrac{\boxed{4}}{5}$

3 $3 \times \dfrac{2}{7}$, $\dfrac{2}{7} \times 3$ 에 ○표

4 (1) $4 \times \dfrac{7}{10} = \dfrac{4 \times 7}{10} = \dfrac{\boxed{28}^{\boxed{14}}}{\underset{5}{10}} = \dfrac{\boxed{14}}{5} = \boxed{2}\dfrac{\boxed{4}}{5}$

    (2) $6 \times \dfrac{5}{8} = \dfrac{\overset{3}{\cancel{6}} \times 5}{\underset{4}{\cancel{8}}} = \dfrac{\boxed{15}}{\boxed{4}} = \boxed{3}\dfrac{\boxed{3}}{4}$

    (3) $\overset{4}{\cancel{12}} \times \dfrac{4}{\underset{3}{\cancel{9}}} = \dfrac{\boxed{16}}{\boxed{3}} = \boxed{5}\dfrac{\boxed{1}}{3}$

5 (1) $5\dfrac{1}{4}$ (2) 16   **6** $2\dfrac{4}{7}$

---

1 $6 \times \dfrac{1}{3}$ 은 6을 3등분한 것 중의 1만큼이므로 2입니다.

   ➡ $6 \times \dfrac{1}{3} = 2$

2 (자연수)×(진분수)는 분수의 분모는 그대로 두고, 자연수와 분수의 분자를 곱합니다.

3 $3 \times \dfrac{2}{7}$ 는 분수의 분모는 그대로 두고, 자연수와 분수의 분자를 곱하므로 $\dfrac{2}{7} \times 3$ 과 계산 결과가 같습니다.

   참고 두 수를 바꾸어 곱해도 계산 결과는 같습니다.
   $3 \times \dfrac{2}{7} = \dfrac{2}{7} \times 3$

4 (자연수)×(진분수)를 계산할 때 계산 중간에 약분할 수도 있고, 자연수와 분수의 분모를 약분한 다음 계산할 수 있습니다.

5 (1) $7 \times \dfrac{3}{4} = \dfrac{7 \times 3}{4} = \dfrac{21}{4} = 5\dfrac{1}{4}$

   (2) $20 \times \dfrac{4}{5} = \dfrac{20 \times 4}{5} = \dfrac{\overset{16}{\cancel{80}}}{\underset{1}{\cancel{5}}} = 16$

6 $12 \times \dfrac{3}{14} = \dfrac{\overset{6}{\cancel{12}} \times 3}{\underset{7}{\cancel{14}}} = \dfrac{18}{7} = 2\dfrac{4}{7}$

---

1 $\dfrac{\boxed{3}}{4}$, $\boxed{3}\dfrac{\boxed{3}}{4}$

2

3 8 , $\dfrac{6}{7}$, $8\dfrac{6}{7}$

4 (1) $3 \times 2\dfrac{1}{8} = 3 \times \boxed{2} + 3 \times \dfrac{\boxed{1}}{8}$

          $= \boxed{6} + \dfrac{\boxed{3}}{8} = \boxed{6}\dfrac{\boxed{3}}{8}$

    (2) $3 \times 2\dfrac{1}{8} = 3 \times \dfrac{\boxed{17}}{8} = \dfrac{3 \times \boxed{17}}{8}$

          $= \dfrac{\boxed{51}}{8} = \boxed{6}\dfrac{\boxed{3}}{8}$

5 $8 \times 1\dfrac{5}{12} = 8 \times \dfrac{17}{12} = \dfrac{\overset{2}{\cancel{8}} \times 17}{\underset{3}{\cancel{12}}} = \dfrac{34}{3} = 11\dfrac{1}{3}$

6 (1) $7\dfrac{1}{2}$ (2) $9\dfrac{1}{5}$

---

1 $1\dfrac{1}{4} = 1 + \dfrac{1}{4}$ 로 보고 $3 \times 1\dfrac{1}{4}$ 을 3×1 과 $3 \times \dfrac{1}{4}$ 의 합으로 계산합니다.

2 두 수를 바꾸어 곱해도 계산 결과는 같습니다.
   $3 \times 1\dfrac{1}{6} = 1\dfrac{1}{6} \times 3 = \dfrac{7}{6} \times 3$
   $5 \times 2\dfrac{3}{4} = 2\dfrac{3}{4} \times 5$

3 $4 \times 2 = 8$, $4 \times \dfrac{3}{\underset{7}{\cancel{14}}} = \dfrac{6}{7}$

   ➡ $4 \times 2\dfrac{3}{14} = 4 \times 2 + 4 \times \dfrac{3}{14} = 8 + \dfrac{6}{7} = 8\dfrac{6}{7}$

4 (1) 대분수를 자연수 부분과 진분수 부분으로 나누어 계산합니다.
   (2) 대분수를 가분수로 바꾼 다음 계산합니다.

5 대분수를 가분수로 바꾼 다음 분수의 분모는 그대로 두고, 자연수와 분수의 분자를 곱합니다.

6 (1) $5 \times 1\dfrac{1}{2} = 5 \times \dfrac{3}{2} = \dfrac{5 \times 3}{2} = \dfrac{15}{2} = 7\dfrac{1}{2}$

   (2) $4 \times 2\dfrac{3}{10} = 4 \times \dfrac{23}{10} = \dfrac{\overset{2}{\cancel{4}} \times 23}{\underset{5}{\cancel{10}}} = \dfrac{46}{5} = 9\dfrac{1}{5}$

50~53쪽

1 $12\dfrac{8}{9}$

01 $10\dfrac{1}{2}$, 16

02 $1\dfrac{8}{9} \times 3 = \dfrac{17}{9} \times 3 = \dfrac{17 \times 3}{9}$

$= \dfrac{\overset{17}{\cancel{51}}}{\underset{3}{\cancel{9}}} = \dfrac{17}{3} = 5\dfrac{2}{3}$

03 $6\dfrac{2}{3}$, $26\dfrac{2}{3}$

04 $1\dfrac{4}{5} \times 20$, $\dfrac{6}{7} \times 42$에 색칠

2

05 $5\dfrac{1}{3}$

06 예 방법 1 $6 \times 1\dfrac{5}{16} = 6 \times 1 + \overset{3}{\cancel{6}} \times \dfrac{5}{\underset{8}{\cancel{16}}}$

$= 6 + \dfrac{15}{8} = 6 + 1\dfrac{7}{8} = 7\dfrac{7}{8}$

방법 2 $6 \times 1\dfrac{5}{16} = 6 \times \dfrac{21}{16} = \dfrac{\overset{3}{\cancel{6}} \times 21}{\underset{8}{\cancel{16}}}$

$= \dfrac{63}{8} = 7\dfrac{7}{8}$

07 $31\dfrac{1}{4}$　　　　**08** 풀이 참조

3 ㉡

09 <　　　　**10** ㉡, ㉢, ㉠

11 3, 2, 1

12

$\boxed{3 \times 1\dfrac{1}{2}}$　$\triangle 3 \times \dfrac{2}{5}$　3×1　$\boxed{2\dfrac{1}{4} \times 3}$

4 $8 \times \dfrac{2}{5} = 3\dfrac{1}{5}$ / $3\dfrac{1}{5}$

13 $2\dfrac{7}{10} \times 4 = 10\dfrac{4}{5}$ / $10\dfrac{4}{5}$

14 2500　　　　**15** $1\dfrac{3}{7}$

16 풀이 참조

---

1 $3\dfrac{2}{9} \times 4 = 3 \times 4 + \dfrac{2}{9} \times 4 = 12 + \dfrac{8}{9} = 12\dfrac{8}{9}$

01 $\dfrac{7}{8} \times 12 = \dfrac{7 \times \overset{3}{\cancel{12}}}{\underset{2}{\cancel{8}}} = \dfrac{21}{2} = 10\dfrac{1}{2}$

$2\dfrac{2}{3} \times 6 = \dfrac{8}{3} \times 6 = \dfrac{8 \times \overset{2}{\cancel{6}}}{\underset{1}{\cancel{3}}} = 16$

02 대분수를 가분수로 바꾼 다음 분모는 그대로 두고, 분수의 분자와 자연수를 곱하여 계산한 다음 약분합니다.

03 $\dfrac{4}{15} \times 25 = \dfrac{4 \times \overset{5}{\cancel{25}}}{\underset{3}{\cancel{15}}} = \dfrac{20}{3} = 6\dfrac{2}{3}$

$6\dfrac{2}{3} \times 4 = \dfrac{20}{3} \times 4 = \dfrac{80}{3} = 26\dfrac{2}{3}$

04 $1\dfrac{4}{5} \times 20 = \dfrac{9}{5} \times 20 = \dfrac{9 \times \overset{4}{\cancel{20}}}{\underset{1}{\cancel{5}}} = 36$

$\dfrac{6}{7} \times 42 = \dfrac{6 \times \overset{6}{\cancel{42}}}{\underset{1}{\cancel{7}}} = 36$

$2\dfrac{3}{4} \times 12 = \dfrac{11}{4} \times 12 = \dfrac{11 \times \overset{3}{\cancel{12}}}{\underset{1}{\cancel{4}}} = 33$

2 $8 \times \dfrac{5}{6} = \dfrac{\overset{4}{\cancel{8}} \times 5}{\underset{3}{\cancel{6}}} = \dfrac{20}{3} = 6\dfrac{2}{3}$

$6 \times 1\dfrac{4}{9} = 6 \times \dfrac{13}{9} = \dfrac{\overset{2}{\cancel{6}} \times 13}{\underset{3}{\cancel{9}}} = \dfrac{26}{3} = 8\dfrac{2}{3}$

$4 \times 1\dfrac{5}{12} = 4 \times \dfrac{17}{12} = \dfrac{\overset{1}{\cancel{4}} \times 17}{\underset{3}{\cancel{12}}} = \dfrac{17}{3} = 5\dfrac{2}{3}$

05 $14 \times \dfrac{8}{21} = \dfrac{\overset{2}{\cancel{14}} \times 8}{\underset{3}{\cancel{21}}} = \dfrac{16}{3} = 5\dfrac{1}{3}$

06 대분수를 자연수 부분과 진분수 부분으로 나누어 계산하거나 대분수를 가분수로 바꾼 다음 계산합니다.

07 가장 큰 수는 15이고, 가장 작은 수는 $2\frac{1}{12}$ 입니다.

$$\Rightarrow 15 \times 2\frac{1}{12} = 15 \times \frac{25}{12}$$
$$= \frac{\overset{5}{\cancel{15}} \times 25}{\underset{4}{\cancel{12}}} = \frac{125}{4} = 31\frac{1}{4}$$

08 예 ❶ $8 \times 2\frac{3}{10} = \overset{4}{\cancel{8}} \times \frac{23}{\underset{5}{\cancel{10}}} = \frac{92}{5} = 18\frac{2}{5}$

❷ 대분수를 가분수로 바꾸지 않고 약분하여 계산했습니다.

채점 기준
❶ 바르게 계산한 경우
❷ 잘못 계산한 이유를 쓴 경우

❸ ㉠ $\frac{9}{\underset{5}{\cancel{35}}} \times \overset{2}{\cancel{14}} = \frac{18}{5} = 3\frac{3}{5}$

ㄴ $4 \times 1\frac{3}{10} = \overset{2}{\cancel{4}} \times \frac{13}{\underset{5}{\cancel{10}}} = \frac{26}{5} = 5\frac{1}{5}$

$3\frac{3}{5} < 5\frac{1}{5}$ 이므로 계산 결과가 더 큰 것은 ㄴ입니다.

09 $2\frac{1}{4} \times 3 = \frac{9}{4} \times 3 = \frac{27}{4} = 6\frac{3}{4}$

$4 \times 1\frac{6}{7} = 4 \times \frac{13}{7} = \frac{52}{7} = 7\frac{3}{7}$ $\Rightarrow 6\frac{3}{4} < 7\frac{3}{7}$

10 ㉠ $\frac{4}{5} \times 6 = \frac{24}{5} = 4\frac{4}{5}$

ㄴ $4 \times \frac{2}{7} = \frac{8}{7} = 1\frac{1}{7}$

ㄷ $1\frac{1}{3} \times 2 = \frac{4}{3} \times 2 = \frac{8}{3} = 2\frac{2}{3}$

$\Rightarrow 1\frac{1}{7} < 2\frac{2}{3} < 4\frac{4}{5}$ 이므로 계산 결과가 작은 것부터 차례로 기호를 쓰면 ㄴ, ㄷ, ㉠입니다.

11 $\frac{5}{\underset{3}{\cancel{12}}} \times \overset{2}{\cancel{8}} = \frac{10}{3} = 3\frac{1}{3}$, $6 \times 1\frac{5}{8} = \overset{3}{\cancel{6}} \times \frac{13}{\underset{4}{\cancel{8}}} = \frac{39}{4} = 9\frac{3}{4}$,

$2\frac{7}{12} \times 4 = \frac{31}{\underset{3}{\cancel{12}}} \times \overset{1}{\cancel{4}} = \frac{31}{3} = 10\frac{1}{3}$

$\Rightarrow 10\frac{1}{3} > 9\frac{3}{4} > 3\frac{1}{3}$

12 3에 대분수를 곱하면 계산 결과는 3보다 커지고, 진분수를 곱하면 계산 결과는 3보다 작아집니다.

다른 풀이 $3 \times 1\frac{1}{2} = 3 \times \frac{3}{2} = \frac{9}{2} = 4\frac{1}{2} > 3$

$3 \times \frac{2}{5} = \frac{6}{5} = 1\frac{1}{5} < 3$

$3 \times 1 = 3$

$2\frac{1}{4} \times 3 = \frac{9}{4} \times 3 = \frac{27}{4} = 6\frac{3}{4} > 3$

❹ (선물을 포장하는 데 사용한 리본의 길이)

$= ($처음 리본의 길이$) \times \frac{2}{5}$

$= 8 \times \frac{2}{5} = \frac{16}{5} = 3\frac{1}{5}$ (m)

13 정사각형은 네 변이 모두 같으므로 둘레는 (한 변) $\times$ 4입니다.

$\Rightarrow 2\frac{7}{10} \times 4 = \frac{27}{\underset{5}{\cancel{10}}} \times \overset{2}{\cancel{4}} = \frac{54}{5} = 10\frac{4}{5}$ (cm)

14 $3000 \times \frac{5}{6} = \frac{\overset{500}{\cancel{3000}} \times 5}{\underset{1}{\cancel{6}}} = 2500$(원)

15 걸어간 거리는 전체의 $1 - \frac{5}{7} = \frac{7}{7} - \frac{5}{7} = \frac{2}{7}$ 입니다.

$\Rightarrow ($걸어간 거리$) = 5 \times \frac{2}{7} = \frac{10}{7} = 1\frac{3}{7}$ (km)

다른 풀이

(버스를 타고 간 거리) $= 5 \times \frac{2}{7} = \frac{25}{7} = 3\frac{4}{7}$ (km)

$\Rightarrow ($걸어간 거리$) = 5 - 3\frac{4}{7} = 1\frac{3}{7}$ (km)

16 예 ❶ 물이 $\frac{2}{3}$ L씩 들어 있는 물통이 5개 있습니다. 물은 모두 몇 L인가요?

❷ (전체 물의 양)

$= ($물통 한 개에 들어 있는 물의 양$) \times ($물통의 수$)$

$= \frac{2}{3} \times 5 = \frac{10}{3} = 3\frac{1}{3}$ (L)

❸ $3\frac{1}{3}$ L

채점 기준
❶ 주어진 식을 이용하여 풀 수 있는 문제를 만든 경우
❷ 문제에 알맞은 풀이 과정을 쓰고, 답을 구한 경우

1 $\dfrac{1}{\boxed{3} \times \boxed{4}}$, $\dfrac{1}{\boxed{12}}$

2 15, 8, $\dfrac{\boxed{8}}{\boxed{15}}$, $\dfrac{\boxed{4} \times 2}{5 \times \boxed{3}}$, $\dfrac{\boxed{8}}{\boxed{15}}$

3 $\dfrac{5}{6} \times \dfrac{1}{10} = \dfrac{\overset{1}{\cancel{5}} \times \boxed{1}}{\boxed{6} \times \underset{\boxed{2}}{\cancel{10}}} = \dfrac{\boxed{1}}{\boxed{12}}$

4 (1) $\dfrac{3}{10} \times \dfrac{5}{9} = \dfrac{\overset{\boxed{1}}{\cancel{3}} \times \overset{\boxed{1}}{\cancel{5}}}{\underset{\boxed{2}}{\cancel{10}} \times \underset{\boxed{3}}{\cancel{9}}} = \dfrac{\boxed{1}}{\boxed{6}}$

(2) $\dfrac{\overset{\boxed{1}}{\cancel{3}}}{\underset{\boxed{2}}{\cancel{10}}} \times \dfrac{\overset{\boxed{1}}{\cancel{5}}}{\underset{\boxed{3}}{\cancel{9}}} = \dfrac{\boxed{1}}{\boxed{6}}$

5 (1) $\dfrac{1}{40}$ (2) $\dfrac{7}{20}$ **6** ( ) (○) ( )

1 (기약분수)×(기약분수)는 분자는 그대로 두고, 분모 끼리 곱합니다.

2 (진분수)×(진분수)는 분모는 분모끼리 곱하고, 분자는 분자끼리 곱합니다.

3 분모는 분모끼리, 분자는 분자끼리 곱하는 과정에서 약분하여 계산합니다.

4 (1) 분모는 분모끼리, 분자는 분자끼리 곱하는 과정 에서 약분하여 계산합니다.
(2) 처음부터 약분하여 계산합니다.

5 (1) $\dfrac{1}{8} \times \dfrac{1}{5} = \dfrac{1}{8 \times 5} = \dfrac{1}{40}$

(2) $\dfrac{3}{5} \times \dfrac{7}{12} = \dfrac{3 \times 7}{5 \times \underset{4}{\cancel{12}}} = \dfrac{7}{20}$

6 $\dfrac{1}{4} \times \dfrac{1}{12} = \dfrac{1}{4 \times 12} = \dfrac{1}{48}$

$\dfrac{1}{7} \times \dfrac{1}{8} = \dfrac{1}{7 \times 8} = \dfrac{1}{56}$

$\dfrac{1}{16} \times \dfrac{1}{3} = \dfrac{1}{16 \times 3} = \dfrac{1}{48}$

따라서 계산 결과가 다른 것은 $\dfrac{1}{7} \times \dfrac{1}{8}$ 입니다.

1 $\dfrac{\boxed{8}}{3}$, $\dfrac{\boxed{4}}{3}$, 4

2 $2\dfrac{1}{4} \times 1\dfrac{2}{7} = \dfrac{\boxed{9}}{4} \times \dfrac{\boxed{9}}{7} = \dfrac{\boxed{9} \times \boxed{9}}{4 \times 7}$

$= \dfrac{\boxed{81}}{\boxed{28}} = \boxed{2}\dfrac{\boxed{25}}{\boxed{28}}$

3 $2\dfrac{1}{3} \times 1\dfrac{2}{5} = 2\dfrac{1}{3} \times \boxed{1} + 2\dfrac{1}{3} \times \dfrac{\boxed{2}}{5}$

$= \boxed{2}\dfrac{\boxed{1}}{3} + \dfrac{7}{3} \times \dfrac{\boxed{2}}{5}$

$= \boxed{2}\dfrac{\boxed{5}}{15} + \dfrac{\boxed{14}}{15} = \boxed{3}\dfrac{\boxed{4}}{15}$

4 $2\dfrac{1}{7}$, $\dfrac{6}{7}$, 3

5 예 $2\dfrac{5}{8} \times 2\dfrac{4}{5} = \dfrac{21}{\underset{4}{\cancel{8}}} \times \dfrac{\overset{7}{\cancel{14}}}{5} = \dfrac{147}{20} = 7\dfrac{7}{20}$

6 (1) 5   (2) $12\dfrac{1}{7}$

1 (대분수)×(대분수)는 곱하는 대분수를 자연수 부분과 진분수 부분으로 나누어 계산합니다.

2 (대분수)×(대분수)는 대분수를 모두 가분수로 바꾼 다음 계산합니다.

4 $2\dfrac{1}{7} \times 1 = 2\dfrac{1}{7}$, $2\dfrac{1}{7} \times \dfrac{2}{5} = \dfrac{\overset{3}{\cancel{15}}}{7} \times \dfrac{2}{\underset{1}{\cancel{5}}} = \dfrac{6}{7}$

➡ $2\dfrac{1}{7} \times 1\dfrac{2}{5} = 2\dfrac{1}{7} \times 1 + 2\dfrac{1}{7} \times \dfrac{2}{5}$

$= 2\dfrac{1}{7} + \dfrac{6}{7} = 3$

5 대분수를 모두 가분수로 바꾼 다음 분모는 분모끼리, 분자는 분자끼리 곱하여 계산합니다.
다음과 같이 계산할 수도 있습니다.

$2\dfrac{5}{8} \times 2\dfrac{4}{5} = \dfrac{21}{8} \times \dfrac{14}{5} = \dfrac{\overset{147}{\cancel{294}}}{\underset{20}{\cancel{40}}} = \dfrac{147}{20} = 7\dfrac{7}{20}$

6 (1) $1\dfrac{3}{5} \times 3\dfrac{1}{8} = \dfrac{\overset{1}{\cancel{8}}}{\underset{1}{\cancel{5}}} \times \dfrac{\overset{5}{\cancel{25}}}{\underset{1}{\cancel{8}}} = 5$

(2) $2\dfrac{5}{6} \times 4\dfrac{2}{7} = \dfrac{17}{\underset{1}{\cancel{6}}} \times \dfrac{\overset{5}{\cancel{30}}}{7} = \dfrac{85}{7} = 12\dfrac{1}{7}$

1 (1) $\dfrac{4}{5} \times \dfrac{2}{3} \times \dfrac{5}{6} = \left(\dfrac{4}{5} \times \dfrac{2}{3} \right) \times \dfrac{5}{6}$

$= \dfrac{\boxed{8}}{\underset{\boxed{3}}{15}} \times \dfrac{\boxed{1}}{\underset{\boxed{3}}{6}} = \dfrac{\boxed{4}}{\boxed{9}}$

(2) $\dfrac{4}{5} \times \dfrac{2}{3} \times \dfrac{5}{6} = \dfrac{4}{5} \times \left(\dfrac{\boxed{2}}{3} \times \dfrac{5}{\underset{\boxed{3}}{6}} \right)$

$= \dfrac{4}{\underset{\boxed{1}}{5}} \times \dfrac{\boxed{5}}{\boxed{9}} = \dfrac{\boxed{4}}{\boxed{9}}$

(3) $\dfrac{4}{5} \times \dfrac{2}{3} \times \dfrac{5}{6} = \dfrac{4 \times 2 \times \overset{\boxed{1}}{5}}{\underset{\boxed{1}}{5} \times 3 \times \underset{\boxed{3}}{6}} \overset{\boxed{2}}{=} \dfrac{\boxed{4}}{\boxed{9}}$

2 (1) $\dfrac{3}{5} \times \dfrac{1}{4} \times \dfrac{1}{2} = \dfrac{3 \times 1 \times \boxed{1}}{\boxed{5} \times \boxed{4} \times \boxed{2}} = \dfrac{\boxed{3}}{\boxed{40}}$

(2) $\dfrac{7}{9} \times 4 \times \dfrac{6}{7} = \dfrac{7}{\underset{\boxed{3}}{9}} \times \dfrac{\boxed{4}}{1} \times \dfrac{\overset{\boxed{2}}{6}}{\underset{1}{7}}$

$= \dfrac{\boxed{8}}{\boxed{3}} = \boxed{2\dfrac{2}{3}}$

3 ㉡

4 (1) $\dfrac{7}{24}$　(2) $1\dfrac{2}{25}$

5 $6\dfrac{3}{10}$

3 3을 분모가 1인 분수 $\dfrac{3}{1}$으로 나타내어 계산합니다.

$\dfrac{2}{7} \times 3 \times \dfrac{4}{5} = \dfrac{2}{7} \times \dfrac{3}{1} \times \dfrac{4}{5} = \dfrac{2 \times 3 \times 4}{7 \times 1 \times 5} = \dfrac{24}{35}$

4 (1) $\dfrac{7}{8} \times \dfrac{\overset{1}{3}}{\underset{1}{5}} \times \dfrac{\overset{1}{5}}{\underset{3}{9}} = \dfrac{7}{24}$

(2) $1\dfrac{2}{5} \times \dfrac{9}{10} \times \dfrac{6}{7} = \dfrac{7}{5} \times \dfrac{9}{10} \times \dfrac{\overset{1}{6}}{\underset{1}{7}}$

$= \dfrac{27}{25} = 1\dfrac{2}{25}$

5 $6 \times 2\dfrac{1}{3} \times \dfrac{9}{20} = \dfrac{\overset{3}{6}}{1} \times \dfrac{7}{\underset{1}{3}} \times \dfrac{9}{\underset{10}{20}} = \dfrac{63}{10} = 6\dfrac{3}{10}$

1 (위에서부터) $\dfrac{3}{10}$, $\dfrac{3}{4}$

01 (1) $<$　(2) $=$

02 (　)(◯)(　)

03 $\dfrac{3}{16}$　　　　**04** 3, 4

2 $5\dfrac{1}{2}$, $3\dfrac{1}{3}$

05 예 $1\dfrac{2}{7} \times 2\dfrac{1}{10}$에 ◯표,

예 $1\dfrac{2}{7} \times 2\dfrac{1}{10} = \dfrac{9}{\underset{1}{7}} \times \dfrac{\overset{3}{21}}{10} = \dfrac{27}{10} = 2\dfrac{7}{10}$

06 $2\dfrac{1}{6} \times 3\dfrac{3}{13}$에 색칠

07 예 [방법 1] $2\dfrac{1}{3} \times 2\dfrac{4}{7} = 2\dfrac{1}{3} \times 2 + 2\dfrac{1}{3} \times \dfrac{4}{7}$

$= \dfrac{7}{3} \times 2 + \dfrac{\overset{1}{7}}{3} \times \dfrac{4}{\underset{1}{7}}$

$= \dfrac{14}{3} + \dfrac{4}{3} = \dfrac{\overset{6}{18}}{\underset{1}{3}} = 6$

[방법 2] $2\dfrac{1}{3} \times 2\dfrac{4}{7} = \dfrac{\overset{1}{7}}{3} \times \dfrac{\overset{6}{18}}{\underset{1}{7}} = 6$

08 풀이 참조, ㉡

3 $\dfrac{1}{11}$

09 (선 잇기)　　　　**10** ㉡

11 $<$　　　　**12** $3\dfrac{3}{5}$

4 $4\dfrac{4}{5} \times 1\dfrac{3}{8} = 6\dfrac{3}{5}$ / $6\dfrac{3}{5}$

13 $\dfrac{6}{7} \times \dfrac{1}{8} = \dfrac{3}{28}$ / $\dfrac{3}{28}$

14 풀이 참조, $7\dfrac{6}{7}$　　**15** $\dfrac{5}{6}$

16 풀이 참조, $\dfrac{5}{6} \times \dfrac{1}{2} = \dfrac{5}{12}$ / $\dfrac{5}{12}$

1 $\dfrac{9}{10}\times\dfrac{1}{3}=\dfrac{9\times1}{10\times\overset{1}{\underset{}{3}}}=\dfrac{3}{10}$

$\dfrac{9}{10}\times\dfrac{5}{6}=\dfrac{\overset{3}{9}\times\overset{1}{5}}{\underset{2}{10}\times\underset{2}{6}}=\dfrac{3}{4}$

01 (1) 어떤 수에 진분수를 곱하면 계산 결과는 어떤 수보다 작습니다.

(2) (진분수)×(진분수)는 분모는 분모끼리 곱하고, 분자는 분자끼리 곱하므로 두 분수의 순서를 바꾸어 곱해도 계산 결과는 같습니다.

02 $\dfrac{\overset{1}{3}}{7}\times\dfrac{7}{\underset{3}{9}}=\dfrac{1}{3}$, $\dfrac{\overset{1}{8}}{15}\times\dfrac{3}{\underset{5}{8}}=\dfrac{1}{5}$, $\dfrac{\overset{1}{5}}{12}\times\dfrac{4}{\underset{1}{5}}=\dfrac{1}{3}$

03 $\dfrac{\overset{1}{2}}{3}\times\dfrac{9}{\underset{7}{14}}=\dfrac{3}{7}$, $\dfrac{7}{\underset{4}{12}}\times\dfrac{3}{4}=\dfrac{7}{16}$

➡ $\dfrac{3}{7}\times\dfrac{\overset{1}{7}}{16}=\dfrac{3}{16}$

04 $\dfrac{1}{6}\times\dfrac{1}{\text{㉠}}=\dfrac{1}{6\times\text{㉠}}=\dfrac{1}{18}$ ➡ $6\times\text{㉠}=18$, $\text{㉠}=3$

$\dfrac{1}{\text{㉡}}\times\dfrac{1}{8}=\dfrac{1}{\text{㉡}\times8}=\dfrac{1}{32}$ ➡ $\text{㉡}\times8=32$, $\text{㉡}=4$

2 $2\dfrac{4}{9}\times2\dfrac{1}{4}=\dfrac{\overset{11}{22}}{\underset{1}{9}}\times\dfrac{9}{\underset{2}{4}}=\dfrac{11}{2}=5\dfrac{1}{2}$

$2\dfrac{4}{9}\times1\dfrac{4}{11}=\dfrac{22}{\underset{3}{9}}\times\dfrac{\overset{5}{15}}{\underset{1}{11}}=\dfrac{10}{3}=3\dfrac{1}{3}$

05 대분수를 가분수로 바꾸지 않고 약분하여 계산이 잘못되었습니다.

06 $1\dfrac{1}{5}\times2\dfrac{1}{6}=\dfrac{\overset{1}{6}}{5}\times\dfrac{13}{\underset{1}{6}}=\dfrac{13}{5}=2\dfrac{3}{5}$

$1\dfrac{5}{21}\times2\dfrac{4}{13}=\dfrac{\overset{2}{26}}{\underset{7}{21}}\times\dfrac{\overset{10}{30}}{\underset{1}{13}}=\dfrac{20}{7}=2\dfrac{6}{7}$

$2\dfrac{1}{6}\times3\dfrac{3}{13}=\dfrac{\overset{1}{13}}{\underset{1}{6}}\times\dfrac{\overset{7}{42}}{\underset{1}{13}}=7$

07 대분수를 자연수 부분과 진분수 부분으로 나누어 계산하거나 대분수를 모두 가분수로 바꾼 다음 분모는 분모끼리, 분자는 분자끼리 곱하여 계산합니다.

08 예 ❶ ㉠ $3\dfrac{3}{7}\times2\dfrac{1}{2}=\dfrac{\overset{12}{24}}{7}\times\dfrac{5}{\underset{1}{2}}=\dfrac{60}{7}=8\dfrac{4}{7}$

㉡ $4\dfrac{1}{5}\times1\dfrac{2}{3}=\dfrac{\overset{7}{21}}{\underset{1}{5}}\times\dfrac{\overset{1}{5}}{\underset{1}{3}}=7$

❷ $8\dfrac{4}{7}>7$이므로 계산 결과가 더 작은 것은 ㉡입니다.

❸ ㉡

채점 기준
❶ 두 식을 각각 바르게 계산한 경우
❷ 계산 결과가 더 작은 것을 찾은 경우
❸ 답을 바르게 쓴 경우

3 $\dfrac{1}{\underset{1}{2}}\times\dfrac{\overset{2}{4}}{11}\times\dfrac{1}{3}=\dfrac{2}{33}$

$\dfrac{5}{\underset{3}{27}}\times\dfrac{9}{\underset{11}{22}}\times2=\dfrac{5}{\underset{3}{27}}\times\dfrac{\overset{1}{9}}{\underset{11}{22}}\times\dfrac{\overset{1}{2}}{1}=\dfrac{5}{33}$

➡ $\dfrac{5}{33}-\dfrac{2}{33}=\dfrac{\overset{1}{3}}{\underset{11}{33}}=\dfrac{1}{11}$

09 $\dfrac{6}{7}\times1\dfrac{2}{3}\times\dfrac{4}{15}=\dfrac{\overset{2}{6}}{7}\times\dfrac{5}{\underset{1}{3}}\times\dfrac{4}{\underset{3}{15}}=\dfrac{8}{21}$

$2\dfrac{1}{2}\times\dfrac{7}{20}\times\dfrac{1}{3}=\dfrac{\overset{1}{5}}{2}\times\dfrac{7}{\underset{4}{20}}\times\dfrac{1}{3}=\dfrac{7}{24}$

10 ㉠ $\dfrac{6}{7}\times\dfrac{\overset{1}{8}}{9}\times\dfrac{9}{\underset{5}{40}}=\dfrac{6}{35}$

㉡ $\dfrac{4}{15}\times\dfrac{5}{8}\times2=\dfrac{\overset{1}{4}}{\underset{3}{15}}\times\dfrac{\overset{1}{5}}{\underset{2}{8}}\times\dfrac{\overset{1}{2}}{1}=\dfrac{1}{3}$

따라서 계산 결과를 단위분수로 나타낼 수 있는 것은 ㉡입니다.

11 $\dfrac{7}{10} \times 4 \times \dfrac{4}{7} = \dfrac{\overset{1}{\cancel{7}}}{\underset{5}{\cancel{10}}} \times \dfrac{\overset{2}{\cancel{4}}}{1} \times \dfrac{4}{\underset{1}{\cancel{7}}} = \dfrac{8}{5} = 1\dfrac{3}{5}$

$\dfrac{8}{9} \times 1\dfrac{1}{3} \times 1\dfrac{7}{8} = \dfrac{\overset{1}{\cancel{8}}}{9} \times \dfrac{4}{3} \times \dfrac{\overset{5}{\cancel{15}}}{\underset{1}{\cancel{8}}} = \dfrac{20}{9} = 2\dfrac{2}{9}$

➡ $1\dfrac{3}{5} < 2\dfrac{2}{9}$

12 ㉮ $\dfrac{2}{5} \times 3 \times 1\dfrac{1}{3} = \dfrac{2}{5} \times \dfrac{\overset{1}{\cancel{3}}}{1} \times \dfrac{4}{\underset{1}{\cancel{3}}} = \dfrac{8}{5} = 1\dfrac{3}{5}$

㉯ $3\dfrac{1}{2} \times 1\dfrac{5}{7} \times \dfrac{3}{8} = \dfrac{7}{2} \times \dfrac{\overset{\overset{1}{\cancel{}}}{12}}{\underset{1}{\cancel{7}}} \times \dfrac{3}{\underset{2}{\cancel{8}}} = \dfrac{9}{4} = 2\dfrac{1}{4}$

➡ $1\dfrac{3}{5} \times 2\dfrac{1}{4} = \dfrac{8}{5} \times \dfrac{9}{\underset{1}{\cancel{4}}}^{\overset{2}{}} = \dfrac{18}{5} = 3\dfrac{3}{5}$

4 (강아지의 무게) = (고양이의 무게) $\times 1\dfrac{3}{8}$

$= 4\dfrac{4}{5} \times 1\dfrac{3}{8} = \dfrac{\overset{3}{\cancel{24}}}{5} \times \dfrac{11}{\underset{1}{\cancel{8}}}$

$= \dfrac{33}{5} = 6\dfrac{3}{5}$ (kg)

13 전체를 8등분한 것 중의 한 조각은 전체의 $\dfrac{1}{8}$입니다.

➡ (자른 색 테이프 한 조각의 길이)

$= \dfrac{\overset{3}{\cancel{6}}}{7} \times \dfrac{1}{\underset{4}{\cancel{8}}} = \dfrac{3}{28}$ (m)

14 예 ❶ 색칠한 부분은 가로가 $4 - 1\dfrac{1}{7} = 2\dfrac{6}{7}$ (m),

세로가 $2\dfrac{3}{4}$ m인 직사각형입니다.

❷ (색칠한 부분의 넓이)

$= 2\dfrac{6}{7} \times 2\dfrac{3}{4} = \dfrac{\overset{5}{\cancel{20}}}{7} \times \dfrac{11}{\underset{1}{\cancel{4}}}$

$= \dfrac{55}{7} = 7\dfrac{6}{7}$ (m²)

❸ $7\dfrac{6}{7}$

채점 기준
❶ 색칠한 부분이 어떤 도형인지 아는 경우
❷ 색칠한 부분의 넓이를 구한 경우
❸ 답을 바르게 쓴 경우

15 (식빵을 만드는 데 사용한 우유의 양)

$= 6\dfrac{1}{4} \times \dfrac{3}{5} \times \dfrac{2}{9} = \dfrac{\overset{5}{\cancel{25}}}{\underset{2}{\cancel{4}}} \times \dfrac{\overset{1}{\cancel{3}}}{\underset{1}{\cancel{5}}} \times \dfrac{\overset{1}{\cancel{2}}}{\underset{3}{\cancel{9}}} = \dfrac{5}{6}$ (L)

16 보기 의 낱말과 분수를 이용하여 만들 수 있는 분수의 곱셈 상황을 생각하며 문제를 만들고 해결합니다.

예 수박 한 통의 $\dfrac{5}{6}$ 중에서 $\dfrac{1}{2}$을 먹었습니다. 먹은 수박은 전체의 얼마인가요?

➡ $\dfrac{5}{6} \times \dfrac{1}{2} = \dfrac{5 \times 1}{6 \times 2} = \dfrac{5}{12}$

응용+수학역량 UP UP
64~67쪽

❶ (1) $4\dfrac{4}{5}$ (2) 1, 2, 3, 4

1-1 2 　　　　　　　1-2 6

❷ (1) $7\dfrac{2}{5}$, $2\dfrac{5}{7}$ (2) $20\dfrac{3}{35}$

2-1 $\dfrac{1}{\boxed{3}} \times \dfrac{1}{\boxed{4}}$ 또는 $\dfrac{1}{\boxed{4}} \times \dfrac{1}{\boxed{3}}$, $\dfrac{1}{12}$

2-2 $\dfrac{5}{21}$

❸ (1) $\dfrac{9}{10}$ (2) $5\dfrac{2}{5}$

3-1 $6\dfrac{1}{9}$ 　　　　　　3-2 $46\dfrac{2}{3}$

❹ (1) $\dfrac{3}{4}$ (2) 40

4-1 16 　　　　　　　4-2 85

❶ (1) $\dfrac{8}{35} \times \overset{3}{\cancel{21}} = \dfrac{24}{5} = 4\dfrac{4}{5}$

(2) $4\dfrac{4}{5} > \square$이므로 $\square$ 안에 들어갈 수 있는 자연수는 1, 2, 3, 4입니다.

1-1 $1\dfrac{1}{5} \times 2\dfrac{7}{9} = \dfrac{\overset{2}{\cancel{6}}}{5} \times \dfrac{\overset{5}{\cancel{25}}}{\underset{3}{\cancel{9}}} = \dfrac{10}{3} = 3\dfrac{1}{3}$

$3\dfrac{1}{3} > \square\dfrac{2}{3}$이므로 $\square$ 안에는 3보다 작은 자연수가 들어가야 합니다.

따라서 $\square$ 안에 들어갈 수 있는 자연수는 1, 2로 모두 2개입니다.

바른답·알찬풀이

1-2 $\dfrac{1}{9} \times \dfrac{1}{\square} = \dfrac{1}{9 \times \square}$

$\square = 5$이면 $\dfrac{1}{9 \times 5} = \dfrac{1}{45} > \dfrac{1}{48}$ ($\times$)

$\square = 6$이면 $\dfrac{1}{9 \times 6} = \dfrac{1}{54} < \dfrac{1}{48}$ ($\bigcirc$)

따라서 $\square$ 안에 들어갈 수 있는 자연수는 6과 같거나 6보다 큰 수이고, 이 중에서 가장 작은 자연수는 6입니다.

2 (1) 만들 수 있는 가장 큰 대분수는 $7\dfrac{2}{5}$이고,

가장 작은 대분수는 $2\dfrac{5}{7}$입니다.

(2) $7\dfrac{2}{5} \times 2\dfrac{5}{7} = \dfrac{37}{5} \times \dfrac{19}{7} = \dfrac{703}{35} = 20\dfrac{3}{35}$

2-1 $\dfrac{1}{\square} \times \dfrac{1}{\square}$에서 두 분모가 작을수록 계산 결과가 커집니다. 따라서 2장의 수 카드를 사용하여 계산 결과가 가장 큰 식을 만들려면 수 카드 3과 4를 사용해야 합니다.

➡ $\dfrac{1}{3} \times \dfrac{1}{4} = \dfrac{1}{12}$ 또는 $\dfrac{1}{4} \times \dfrac{1}{3} = \dfrac{1}{12}$

2-2 세 진분수의 분모가 클수록, 분자가 작을수록 계산 결과가 작아집니다.
따라서 분모로 사용해야 할 수 카드는 7, 8, 9이고, 분자로 사용해야 할 수 카드는 4, 5, 6입니다.

➡ $\dfrac{\overset{1}{\cancel{4}} \times 5 \times \overset{\overset{1}{\cancel{2}}}{\cancel{6}}}{\underset{2}{\cancel{7}} \times \cancel{8} \times \underset{3}{\cancel{9}}} = \dfrac{5}{21}$

3 (1) 어떤 수를 $\square$라 하면 $\square \div 6 = \dfrac{3}{20}$이므로

$\square = \dfrac{3}{\underset{10}{\cancel{20}}} \times \overset{3}{\cancel{6}} = \dfrac{9}{10}$입니다.

(2) $\dfrac{9}{\underset{5}{\cancel{10}}} \times \overset{3}{\cancel{6}} = \dfrac{27}{5} = 5\dfrac{2}{5}$

3-1 어떤 수를 $\square$라 하면 $\square + 2\dfrac{2}{3} = 4\dfrac{23}{24}$이므로

$\square = 4\dfrac{23}{24} - 2\dfrac{2}{3} = 4\dfrac{23}{24} - 2\dfrac{16}{24} = 2\dfrac{7}{24}$입니다.

따라서 바르게 계산하면 다음과 같습니다.

$2\dfrac{7}{24} \times 2\dfrac{2}{3} = \dfrac{55}{\underset{3}{\cancel{24}}} \times \dfrac{\overset{1}{\cancel{8}}}{3} = \dfrac{55}{9} = 6\dfrac{1}{9}$

3-2 (어떤 수) $= \overset{6}{\cancel{72}} \times \dfrac{7}{\underset{1}{\cancel{12}}} = 42$

➡ $42 \times 1\dfrac{1}{9} = \overset{14}{\cancel{42}} \times \dfrac{10}{\underset{3}{\cancel{9}}} = \dfrac{140}{3} = 46\dfrac{2}{3}$

4 (1) 어제 읽은 책은 전체의 $\dfrac{1}{4}$이고, 오늘 읽은 책은

전체의 $\left(1 - \dfrac{1}{4}\right) \times \dfrac{2}{3} = \dfrac{\overset{1}{\cancel{3}}}{\underset{2}{\cancel{4}}} \times \dfrac{\overset{1}{\cancel{2}}}{\underset{1}{\cancel{3}}} = \dfrac{1}{2}$입니다.

➡ 어제와 오늘 읽은 책은 전체의
$\dfrac{1}{4} + \dfrac{1}{2} = \dfrac{1}{4} + \dfrac{2}{4} = \dfrac{3}{4}$입니다.

(2) 민정이가 어제와 오늘 읽고 난 나머지는 책 전체의
$1 - \dfrac{3}{4} = \dfrac{1}{4}$이므로 $\overset{40}{\cancel{160}} \times \dfrac{1}{\underset{1}{\cancel{4}}} = 40$(쪽)입니다.

4-1 동생에게 준 색종이는 전체의 $\dfrac{1}{2}$이고, 친구에게 준

색종이는 전체의 $\left(1 - \dfrac{1}{2}\right) \times \dfrac{2}{3} = \dfrac{1}{\cancel{2}} \times \dfrac{\overset{1}{\cancel{2}}}{3} = \dfrac{1}{3}$이므로

동생과 친구에게 준 색종이는 전체의
$\dfrac{1}{2} + \dfrac{1}{3} = \dfrac{3}{6} + \dfrac{2}{6} = \dfrac{5}{6}$입니다.

➡ 동생과 친구에게 주고 남은 색종이는 전체의
$1 - \dfrac{5}{6} = \dfrac{1}{6}$이므로 $\overset{16}{\cancel{96}} \times \dfrac{1}{\underset{1}{\cancel{6}}} = 16$(장)입니다.

4-2 1시간 45분 $= 1\dfrac{\overset{3}{\cancel{45}}}{\underset{4}{\cancel{60}}}$시간 $= 1\dfrac{3}{4}$시간

(1시간 45분 동안 이동한 거리)
$= 80 \times 1\dfrac{3}{4} = \overset{20}{\cancel{80}} \times \dfrac{7}{\underset{1}{\cancel{4}}} = 140$ (km)

➡ (남은 거리) $= 225 - 140 = 85$ (km)

01 $\dfrac{3}{4} \times 3 = \dfrac{3 \times \boxed{3}}{4} = \dfrac{\boxed{9}}{4} = \boxed{2}\dfrac{\boxed{1}}{4}$

02 $\dfrac{8}{9} \times \dfrac{15}{28} = \dfrac{\overset{\boxed{2}}{\cancel{8}} \times \overset{\boxed{5}}{\cancel{15}}}{\underset{\boxed{3}}{\cancel{9}} \times \underset{\boxed{7}}{\cancel{28}}} = \dfrac{\boxed{10}}{\boxed{21}}$

03 $1\dfrac{3}{4} \times 2\dfrac{1}{6} = \dfrac{\boxed{7}}{4} \times \dfrac{\boxed{13}}{6} = \dfrac{\boxed{7} \times \boxed{13}}{4 \times 6}$
$\qquad = \dfrac{\boxed{91}}{\boxed{24}} = \boxed{3}\dfrac{\boxed{19}}{\boxed{24}}$

04 $24\dfrac{3}{4}$

05 $15 \times 1\dfrac{5}{9} = \overset{5}{\cancel{15}} \times \dfrac{14}{\underset{3}{\cancel{9}}} = \dfrac{70}{3} = 23\dfrac{1}{3}$

06 $8\dfrac{4}{7}$ **07** $9\dfrac{4}{5}$

08 $<$ **09** 12

10 $2\dfrac{1}{3} \times 2\dfrac{1}{3} = 5\dfrac{4}{9}$ / $5\dfrac{4}{9}$

11 $9\dfrac{1}{3}$ **12** $9, 7$

13 ㉢   **14** $\dfrac{7}{12}$

15 12000 **16** 6

17 $12\dfrac{5}{6}$ **18** 11

19 풀이 참조   **20** 풀이 참조, $3\dfrac{3}{4}$

01 분수의 분모는 그대로 두고, 분수의 분자와 자연수를 곱합니다.

02 분모는 분모끼리, 분자는 분자끼리 곱하는 과정에서 약분하여 계산합니다.

03 대분수를 모두 가분수로 바꾼 다음 계산합니다.

04 $18 \times 1\dfrac{3}{8} = 18 \times \dfrac{11}{8} = \dfrac{\overset{9}{\cancel{18}} \times 11}{\underset{4}{\cancel{8}}} = \dfrac{99}{4} = 24\dfrac{3}{4}$

05 대분수를 가분수로 바꾼 다음 약분하여 계산합니다.

06 $4\dfrac{4}{5} \times 3 \times \dfrac{25}{42} = \dfrac{\overset{4}{\cancel{24}}}{5} \times \dfrac{3}{1} \times \dfrac{\overset{5}{\cancel{25}}}{\underset{1}{\cancel{42}}_{7}} = \dfrac{60}{7} = 8\dfrac{4}{7}$

07 가장 큰 수는 14이고, 가장 작은 수는 $\dfrac{7}{10}$입니다.
➡ $\overset{7}{\cancel{14}} \times \dfrac{7}{\underset{5}{\cancel{10}}} = \dfrac{49}{5} = 9\dfrac{4}{5}$

08 $\dfrac{11}{15} \times 20 = \dfrac{11 \times \overset{4}{\cancel{20}}}{\underset{3}{\cancel{15}}} = \dfrac{44}{3} = 14\dfrac{2}{3}$

$3\dfrac{6}{7} \times 4\dfrac{4}{9} = \dfrac{27}{7} \times \dfrac{40}{\underset{1}{\cancel{9}}}^{\,3} = \dfrac{120}{7} = 17\dfrac{1}{7}$

➡ $14\dfrac{2}{3} < 17\dfrac{1}{7}$

09 (필요한 피자의 양)
$\quad$ = (한 명이 먹는 피자의 양) × (사람 수)
$\quad$ = $\dfrac{3}{7} \times \overset{4}{\cancel{28}} = 12$(판)

10 (정사각형의 넓이) = (한 변) × (한 변)
$\qquad\qquad\qquad = 2\dfrac{1}{3} \times 2\dfrac{1}{3} = \dfrac{7}{3} \times \dfrac{7}{3}$
$\qquad\qquad\qquad = \dfrac{49}{9} = 5\dfrac{4}{9}$ (cm^2)

11 $\overset{10}{\cancel{20}} \times \dfrac{5}{\underset{3}{\cancel{6}}} = \dfrac{50}{3} = 16\dfrac{2}{3}$

$1\dfrac{5}{8} \times 16 = \dfrac{13}{\cancel{8}} \times \overset{2}{\cancel{16}} = 26$

➡ $26 - 16\dfrac{2}{3} = 25\dfrac{3}{3} - 16\dfrac{2}{3} = 9\dfrac{1}{3}$

12 $\dfrac{1}{㉠} \times \dfrac{1}{5} = \dfrac{1}{㉠ \times 5} = \dfrac{1}{45}$ ➡ $㉠ \times 5 = 45, ㉠ = 9$

$\dfrac{1}{7} \times \dfrac{1}{㉡} = \dfrac{1}{7 \times ㉡} = \dfrac{1}{49}$ ➡ $7 \times ㉡ = 49, ㉡ = 7$

13 ㉠ $7 \times \dfrac{8}{11} = \dfrac{56}{11} = 5\dfrac{1}{11}$ ㉡ $\dfrac{9}{\underset{5}{\cancel{10}}} \times \dfrac{\overset{3}{\cancel{6}}}{7} = \dfrac{27}{35}$

㉢ $3\dfrac{1}{3} \times 2\dfrac{2}{5} = \dfrac{\overset{2}{\cancel{10}}}{\cancel{3}_1} \times \dfrac{\overset{4}{\cancel{12}}}{\cancel{5}_1} = 8$

㉣ $1\dfrac{1}{9} \times 6\dfrac{3}{4} = \dfrac{\overset{5}{\cancel{10}}}{\cancel{9}_1} \times \dfrac{\overset{3}{\cancel{27}}}{\cancel{4}_2} = \dfrac{15}{2} = 7\dfrac{1}{2}$

➡ $8 > 7\dfrac{1}{2} > 5\dfrac{1}{11} > \dfrac{27}{35}$ 이므로 계산 결과가 가장 큰 것은 ㉢입니다.

14 $\dfrac{\overset{7}{\cancel{14}}}{\underset{3}{\cancel{15}}} \times \dfrac{\overset{1}{\cancel{5}}}{\underset{4}{\cancel{8}}} = \dfrac{7}{12}$ (m)

15 할인 기간에 어린이 한 명의 입장료는

$\overset{3000}{\cancel{9000}} \times \dfrac{2}{\underset{1}{\cancel{3}}} = 6000$(원)입니다.

➡ $6000 + 6000 = 12000$(원)

16 $\overset{6}{\cancel{24}} \times \dfrac{1}{\underset{1}{\cancel{3}}} \times \dfrac{3}{\underset{1}{\cancel{4}}} = 6$(시간)

17 만들 수 있는 가장 큰 대분수는 $4\dfrac{2}{3}$이고, 가장 작은 대분수는 $2\dfrac{3}{4}$입니다.

➡ $4\dfrac{2}{3} \times 2\dfrac{3}{4} = \dfrac{\overset{7}{\cancel{14}}}{3} \times \dfrac{11}{\underset{2}{\cancel{4}}} = \dfrac{77}{6} = 12\dfrac{5}{6}$

18 $\dfrac{7}{8} \times \dfrac{5}{6} = \dfrac{35}{48}$, $\dfrac{\square}{16} = \dfrac{\square \times 3}{16 \times 3} = \dfrac{\square \times 3}{48}$

$\dfrac{35}{48} > \dfrac{\square \times 3}{48}$에서 $35 > \square \times 3$이므로 □ 안에는 11과 같거나 11보다 작은 자연수가 들어가야 합니다. 따라서 □ 안에 들어갈 수 있는 가장 큰 자연수는 11입니다.

19 ❶ $6\dfrac{3}{5} \times 3 = \dfrac{33}{5} \times 3 = \dfrac{33 \times 3}{5} = \dfrac{99}{5} = 19\dfrac{4}{5}$

❷ 대분수를 가분수로 바꾼 다음 가분수의 분자와 자연수를 곱해야 하는데 분모와 자연수를 곱했습니다.

채점 기준	배점
❶ 바르게 계산한 경우	3점
❷ 잘못 계산한 이유를 쓴 경우	2점

20 ❶ 어떤 수를 □라 하면 $\square - 1\dfrac{2}{3} = \dfrac{7}{12}$이므로

$\square = \dfrac{7}{12} + 1\dfrac{2}{3} = \dfrac{7}{12} + 1\dfrac{8}{12} = 2\dfrac{3}{12} = 2\dfrac{1}{4}$입니다.

❷ 따라서 바르게 계산하면

$2\dfrac{1}{4} \times 1\dfrac{2}{3} = \dfrac{\overset{3}{\cancel{9}}}{4} \times \dfrac{5}{\underset{1}{\cancel{3}}} = \dfrac{15}{4} = 3\dfrac{3}{4}$입니다.

❸ $3\dfrac{3}{4}$

채점 기준	배점
❶ 어떤 수를 구한 경우	1점
❷ 바르게 계산한 값을 구한 경우	2점
❸ 답을 바르게 쓴 경우	2점

단원평가 2회 71~73쪽

01 $4\dfrac{2}{7} \times 3 = 4 \times \boxed{3} + \dfrac{2}{7} \times \boxed{3}$

$= \boxed{12} + \dfrac{\boxed{6}}{7} = \boxed{12}\dfrac{\boxed{6}}{7}$

02 $\dfrac{7}{12} \times \dfrac{3}{8} = \dfrac{\boxed{7} \times \overset{\boxed{1}}{\cancel{3}}}{\underset{\boxed{4}}{\cancel{12}} \times \boxed{8}} = \dfrac{\boxed{7}}{\boxed{32}}$

03 $11\dfrac{2}{3}$

04 $3\dfrac{3}{5}, 1\dfrac{3}{5}, 5\dfrac{1}{5}$

05 $26\dfrac{1}{4}, 56$

06 $4 \times 1\dfrac{1}{9}$에 ○표

07 $5\dfrac{5}{14}$

08 영호, $42\dfrac{1}{2}$

09 예 **방법 1** $2\dfrac{2}{9} \times 3\dfrac{3}{4} = 2\dfrac{2}{9} \times 3 + 2\dfrac{2}{9} \times \dfrac{3}{4}$

$= \dfrac{\overset{}{20}}{\underset{3}{\cancel{9}}} \times \overset{1}{\cancel{3}} + \dfrac{\overset{5}{\cancel{20}}}{\underset{3}{\cancel{9}}} \times \dfrac{3}{\underset{1}{\cancel{4}}} = \dfrac{20}{3} + \dfrac{5}{3}$

$= \dfrac{25}{3} = 8\dfrac{1}{3}$

방법 2 $2\dfrac{2}{9} \times 3\dfrac{3}{4} = \dfrac{\overset{5}{\cancel{20}}}{\underset{3}{\cancel{9}}} \times \dfrac{\overset{5}{\cancel{15}}}{\underset{1}{\cancel{4}}} = \dfrac{25}{3} = 8\dfrac{1}{3}$

10 $1\dfrac{3}{5}$

11 $\dfrac{4}{5} \times \dfrac{1}{3} = \dfrac{4}{15}$ / $\dfrac{4}{15}$

12 $14\dfrac{2}{5}$

13 ㉡

14 $11\dfrac{1}{5}$

15 4

16 $\dfrac{7}{24}$

17 $\dfrac{1}{\boxed{9}} \times \dfrac{1}{\boxed{8}}$ 또는 $\dfrac{1}{\boxed{8}} \times \dfrac{1}{\boxed{9}}$, $\dfrac{1}{72}$

18 45

19 풀이 참조, $8\dfrac{2}{3}$

20 풀이 참조, $27\dfrac{1}{3}$

01 대분수를 자연수 부분과 진분수 부분으로 나누어 계산합니다.

02 분모는 분모끼리, 분자는 분자끼리 곱하는 과정에서 약분하여 계산합니다.

03 $21 \times \dfrac{5}{9} = \dfrac{\overset{7}{21} \times 5}{\underset{3}{9}} = \dfrac{35}{3} = 11\dfrac{2}{3}$

04 $3\dfrac{3}{5} \times 1 = 3\dfrac{3}{5},\ 3\dfrac{3}{5} \times \dfrac{4}{9} = \dfrac{\overset{2}{18}}{5} \times \dfrac{4}{\underset{1}{9}} = \dfrac{8}{5} = 1\dfrac{3}{5}$

➡ $3\dfrac{3}{5} \times 1\dfrac{4}{9} = 3\dfrac{3}{5} \times 1 + 3\dfrac{3}{5} \times \dfrac{4}{9}$
$\qquad\qquad = 3\dfrac{3}{5} + 1\dfrac{3}{5} = 5\dfrac{1}{5}$

05 $1\dfrac{7}{8} \times 14 = \dfrac{15}{\underset{4}{8}} \times \overset{7}{14} = \dfrac{105}{4} = 26\dfrac{1}{4}$

$26\dfrac{1}{4} \times 2\dfrac{2}{15} = \dfrac{\overset{7}{105}}{\underset{1}{4}} \times \dfrac{\overset{8}{32}}{\underset{1}{15}} = 56$

06 4에 대분수를 곱하면 계산 결과는 4보다 커집니다.

다른 풀이 $4 \times \dfrac{2}{5} = \dfrac{8}{5} = 1\dfrac{3}{5} < 4$

$4 \times 1\dfrac{1}{9} = 4 \times \dfrac{10}{9} = \dfrac{40}{9} = 4\dfrac{4}{9} > 4$

$4 \times \dfrac{10}{11} = \dfrac{40}{11} = 3\dfrac{7}{11} < 4$

07 $\dfrac{5}{21} \times 10 \times 2\dfrac{1}{4} = \dfrac{5}{\underset{7}{21}} \times \dfrac{\overset{5}{10}}{1} \times \dfrac{9}{\underset{2}{4}} = \dfrac{75}{14} = 5\dfrac{5}{14}$

08 재석: $24 \times 1\dfrac{5}{9} = \overset{8}{24} \times \dfrac{14}{\underset{3}{9}} = \dfrac{112}{3} = 37\dfrac{1}{3}$

영호: $30 \times 1\dfrac{5}{12} = \overset{5}{30} \times \dfrac{17}{\underset{2}{12}} = \dfrac{85}{2} = 42\dfrac{1}{2}$

09 대분수를 자연수 부분과 진분수 부분으로 나누어 계산하거나 대분수를 모두 가분수로 바꾼 다음 계산합니다.

10 정삼각형은 세 변이 모두 같으므로 둘레는 (한 변)×3입니다.

➡ $\dfrac{8}{\underset{5}{15}} \times \overset{1}{3} = \dfrac{8}{5} = 1\dfrac{3}{5}$ (m)

11 (카레를 만드는 데 사용한 돼지고기의 양)
= (처음에 있던 돼지고기의 양) $\times \dfrac{1}{3}$
$= \dfrac{4}{5} \times \dfrac{1}{3} = \dfrac{4}{15}$ (kg)

12 ㉠의 길이는 전체를 10등분한 것 중의 3만큼이므로 전체의 $\dfrac{3}{10}$입니다.

➡ (㉠의 길이)$= \overset{24}{48} \times \dfrac{3}{\underset{5}{10}} = \dfrac{72}{5} = 14\dfrac{2}{5}$ (m)

13 ㉠ $\overset{12}{144} \times \dfrac{7}{\underset{1}{12}} = 84$

㉡ $3\dfrac{1}{6} \times 20 = \dfrac{19}{\underset{3}{6}} \times \overset{10}{20} = \dfrac{190}{3} = 63\dfrac{1}{3}$

➡ $84 > 63\dfrac{1}{3}$이므로 더 작은 수는 ㉡입니다.

14 (어떤 수)$= 8 \times \dfrac{2}{3} = \dfrac{16}{3} = 5\dfrac{1}{3}$

➡ $5\dfrac{1}{3} \times 2\dfrac{1}{10} = \dfrac{\overset{8}{16}}{\underset{1}{3}} \times \dfrac{\overset{7}{21}}{\underset{5}{10}} = \dfrac{56}{5} = 11\dfrac{1}{5}$

15 $7\dfrac{1}{2} \times \dfrac{3}{5} \times 1\dfrac{1}{6} = \dfrac{15}{2} \times \dfrac{3}{\underset{1}{5}} \times \dfrac{7}{\underset{2}{6}} = \dfrac{21}{4} = 5\dfrac{1}{4}$

$5\dfrac{1}{4} > \square\dfrac{3}{4}$이므로 □ 안에는 5보다 작은 자연수가 들어가야 합니다. 따라서 □ 안에 들어갈 수 있는 가장 큰 자연수는 4입니다.

16 $\dfrac{\overset{1}{3}}{\underset{1}{5}} \times \dfrac{7}{\underset{3}{9}} \times \dfrac{\overset{1}{5}}{8} = \dfrac{7}{24}$

17 $\dfrac{1}{\square}\times\dfrac{1}{\square}$에서 두 분모가 클수록 계산 결과가 작아집니다. 따라서 2장의 수 카드를 사용하여 계산 결과가 가장 작은 식을 만들려면 수 카드 9와 8을 사용해야 합니다.

➡ $\dfrac{1}{9}\times\dfrac{1}{8}=\dfrac{1}{72}$ 또는 $\dfrac{1}{8}\times\dfrac{1}{9}=\dfrac{1}{72}$

18 어제 읽은 책은 전체의 $\dfrac{1}{2}$이고, 오늘 읽은 책은 전체의

$\left(1-\dfrac{1}{2}\right)\times\dfrac{4}{7}=\dfrac{1}{2}\times\overset{2}{\underset{1}{\dfrac{4}{7}}}=\dfrac{2}{7}$이므로 어제와 오늘 읽

은 책은 전체의 $\dfrac{1}{2}+\dfrac{2}{7}=\dfrac{7}{14}+\dfrac{4}{14}=\dfrac{11}{14}$입니다.

➡ 어제와 오늘 읽고 난 나머지는 책 전체의

$1-\dfrac{11}{14}=\dfrac{3}{14}$이므로 $\overset{15}{\underset{1}{210}}\times\dfrac{3}{14}=45(쪽)$입니다.

19 예 ❶ 쇠막대의 무게는 (쇠막대 1 m의 무게)×(쇠막대의 길이)이므로 쇠막대 $7\dfrac{2}{9}$ m의 무게를 구하는

식은 $1\dfrac{1}{5}\times7\dfrac{2}{9}$입니다.

❷ $1\dfrac{1}{5}\times7\dfrac{2}{9}=\overset{2}{\underset{1}{\dfrac{6}{5}}}\times\overset{13}{\underset{3}{\dfrac{65}{9}}}=\dfrac{26}{3}=8\dfrac{2}{3}$ (kg)

❸ $8\dfrac{2}{3}$

채점 기준	배점
❶ 문제에 알맞은 식을 세운 경우	1점
❷ 쇠막대 $7\dfrac{2}{9}$ m의 무게를 구한 경우	2점
❸ 답을 바르게 쓴 경우	2점

20 예 ❶ 3분 25초$=3\dfrac{\overset{5}{\underset{12}{25}}}{60}$분$=3\dfrac{5}{12}$분

❷ (3분 25초 동안 받은 물의 양)

$=8\times3\dfrac{5}{12}=\overset{2}{8}\times\dfrac{41}{\underset{3}{12}}=\dfrac{82}{3}=27\dfrac{1}{3}$ (L)

❸ $27\dfrac{1}{3}$

채점 기준	배점
❶ 3분 25초는 몇 분인지 분수로 나타낸 경우	1점
❷ 3분 25초 동안 받은 물의 양을 구한 경우	2점
❸ 답을 바르게 쓴 경우	2점

3단원 합동과 대칭

교과서+익힘책 개념탄탄 77쪽

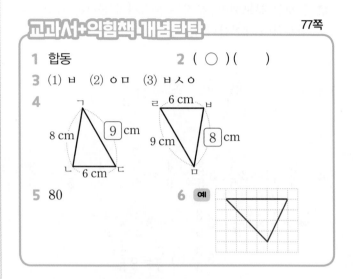

1 합동　　　　　　**2** (○)(　)
3 (1) ㅂ　(2) ㅇㅁ　(3) ㅂㅅㅇ
4

5 80　　　　　　**6** 예

2 포개었을 때 완전히 겹치는 도형을 찾습니다.

3 합동인 두 사각형을 포개었을 때
(1) 점 ㄴ과 겹치는 꼭짓점은 점 ㅂ입니다.
(2) 변 ㄹㄱ과 겹치는 변은 변 ㅇㅁ입니다.
(3) 각 ㄴㄷㄹ과 겹치는 각은 각 ㅂㅅㅇ입니다.

4 합동인 두 도형에서 각각의 대응변의 길이가 서로 같습니다.
➡ (변 ㄱㄷ)=(변 ㅁㄹ)=9 cm
(변 ㅁㅂ)=(변 ㄱㄴ)=8 cm

5 합동인 두 도형에서 각각의 대응각의 크기가 서로 같습니다. ➡ (각 ㄴㄷㄹ)=(각 ㅅㅂㅁ)=80°

6 각 꼭짓점의 대응점을 찾아 표시하고, 표시한 점들을 선분으로 연결하여 합동인 삼각형을 그립니다.

교과서+익힘책 개념탄탄 79쪽

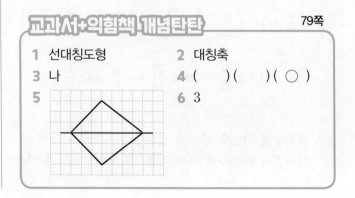

1 선대칭도형　　　　**2** 대칭축
3 나　　　　　　　**4** (　)(　)(○)
5　　　　　　　　**6** 3

2 선대칭도형에서 한 직선을 따라 접었을 때 도형이 완전히 겹치게 하는 직선을 대칭축이라고 합니다.

3 한 직선을 따라 접었을 때 완전히 겹치는 도형을 찾으면 나입니다.

4 한 직선을 따라 접었을 때 도형이 완전히 겹치게 하는 직선을 바르게 그린 것을 찾습니다.

5 한 직선을 따라 접었을 때 도형이 완전히 겹치게 하는 직선을 그립니다.

6

한 직선을 따라 접었을 때 정삼각형이 완전히 겹치게 하는 직선은 모두 3개입니다.

참고 선대칭도형의 모양에 따라 대칭축은 여러 개일 수 있습니다.

3 (1) 선대칭도형에서 각각의 대응변의 길이가 서로 같습니다.
➡ (변 ㄹㄷ)=(변 ㄱㄴ)=9 cm

(2) 선대칭도형에서 각각의 대응각의 크기가 서로 같습니다.
➡ (각 ㄴㄷㄹ)=(각 ㄴㄱㄹ)=45°

4 대응점끼리 이은 선분이 대칭축과 수직으로 만나므로 선분 ㄴㄹ이 대칭축과 만나서 이루는 각은 90°입니다.

5 각각의 대응점에서 대칭축까지의 거리가 서로 같으므로 선분 ㄴㅅ과 길이가 같은 선분은 선분 ㄹㅅ이고, 선분 ㅁㅂ과 길이가 같은 선분은 선분 ㄱㅂ입니다.

6 대응점끼리 이은 선분이 대칭축과 수직으로 만나고, 각각의 대응점에서 대칭축까지의 거리가 같다는 성질을 이용하여 대응점을 각각 표시한 후, 점을 차례로 이어 선대칭도형을 완성합니다.

교과서+익힘책 개념탄탄 81쪽

1 (1) ㅁ (2) ㄴㄱ (3) ㅂㅁㄹ
2 ○, ×
3 (1) 9 (2) 45
4 90
5 선분 ㄹㅅ, 선분 ㄱㅂ
6

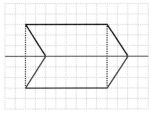

1 대칭축을 따라 접었을 때
(1) 점 ㄷ과 겹치는 꼭짓점은 점 ㅁ입니다.
(2) 변 ㅂㄱ과 겹치는 변은 변 ㄴㄱ입니다.
(3) 각 ㄴㄷㄹ과 겹치는 각은 각 ㅂㅁㄹ입니다.

2 선대칭도형의 각각의 대응점에서 대칭축까지의 거리가 서로 같습니다.

교과서+익힘책 개념탄탄 83쪽

1 점대칭도형 **2** 대칭의 중심
3 (   )(○)(   ) **4** 점 ㄴ
5 1 **6** 가

2 점대칭도형에서 한 점을 중심으로 180° 돌렸을 때 도형이 원래 도형의 모양과 완전히 겹치게 하는 점을 대칭의 중심이라고 합니다.

3 한 점을 중심으로 180° 돌렸을 때 원래 도형의 모양과 완전히 겹치는 도형은 점대칭도형입니다.

4 한 점을 중심으로 180° 돌렸을 때 원래 도형의 모양과 완전히 겹치게 하는 점을 찾으면 점 ㄴ입니다.

5 점대칭도형에서 대칭의 중심은 항상 1개뿐입니다.

6 한 점을 중심으로 180° 돌렸을 때 원래 도형의 모양과 완전히 겹치는 도형이 아닌 것을 찾으면 가입니다.

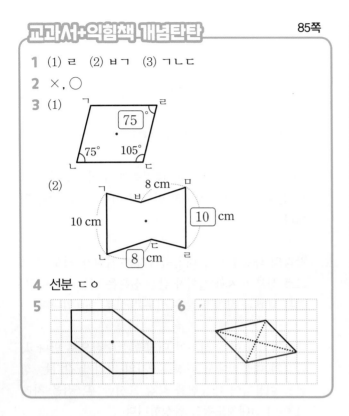

1 (1) ㄹ   (2) ㅂㄱ   (3) ㄱㄴㄷ

2 ×, ○

3 (1)

(2)

4 선분 ㄷㅇ

5

6

1 한 점을 중심으로 180° 돌렸을 때
(1) 점 ㄱ과 겹치는 꼭짓점은 점 ㄹ입니다.
(2) 변 ㄷㄹ과 겹치는 변은 변 ㅂㄱ입니다.
(3) 각 ㄹㅁㅂ과 겹치는 각은 각 ㄱㄴㄷ입니다.

2 점대칭도형에서 한 점을 중심으로 180° 돌렸을 때 겹치는 변이 대응변입니다.

3 (1) 점대칭도형에서 각각의 대응각의 크기가 서로 같습니다.
➡ (각 ㄷㄹㄱ)=(각 ㄱㄴㄷ)=75°
(2) 점대칭도형에서 각각의 대응변의 길이가 서로 같습니다.
➡ (변 ㄴㄷ)=(변 ㅁㅂ)=8 cm
(변 ㄹㅁ)=(변 ㄱㄴ)=10 cm

4 각각의 대응점에서 대칭의 중심까지의 거리가 서로 같으므로 (선분 ㅂㅇ)=(선분 ㄷㅇ)입니다.

5 점대칭도형에서 각각의 대응점끼리 이은 선분이 만나는 점이 대칭의 중심입니다.

6 대응점에서 대칭의 중심까지의 거리가 같다는 성질을 이용하여 대응점을 표시한 후, 점을 차례로 이어 점대칭도형을 완성합니다.

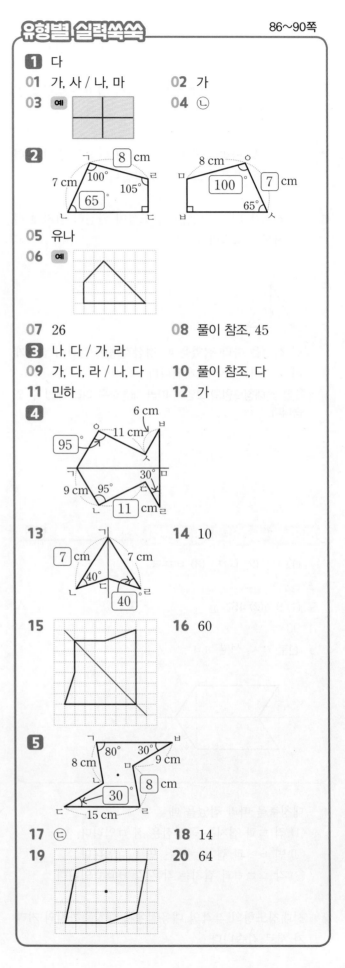

1 다
01 가, 사 / 나, 마
02 가
03 예
04 ㄴ
2
05 유나
06 예
07 26
08 풀이 참조, 45
3 나, 다 / 가, 라
09 가, 다, 라 / 나, 다
10 풀이 참조, 다
11 민하
12 가
4
13
14 10
15
16 60
5
17 ㄷ
18 14
19
20 64

1 왼쪽 도형과 포개었을 때 완전히 겹치는 도형을 찾으면 다입니다.

01 포개었을 때 완전히 겹치는 두 도형을 찾으면 가와 사, 나와 마입니다.
> **주의** 다, 라와 같이 모양은 같지만 크기가 다른 두 도형은 합동이 아닙니다.

02 점선을 따라 자른 두 도형을 포개었을 때 완전히 겹치는 도형을 찾으면 가입니다.

03 선을 따라 자른 네 도형을 포개었을 때 완전히 겹치도록 선을 긋습니다.
> **예**

04
네 변의 길이가 모두 같은 정사각형은 한 대각선을 따라 잘랐을 때 잘린 두 도형이 항상 합동이 됩니다.

2 합동인 도형에서 각각의 대응변의 길이가 서로 같으므로 (변 ㄱㄹ)=(변 ㅇㅁ)=8 cm,
(변 ㅇㅅ)=(변 ㄱㄴ)=7 cm입니다.
합동인 도형에서 각각의 대응각의 크기가 서로 같으므로 (각 ㄱㄴㄷ)=(각 ㅇㅅㅂ)=65°,
(각 ㅅㅇㅁ)=(각 ㄴㄱㄹ)=100°입니다.

05 유나: 각 ㄱㄴㄷ의 대응각은 각 ㅂㅁㄹ이므로
(각 ㄱㄴㄷ)=(각 ㅂㅁㄹ)=85°입니다.

06 각 꼭짓점의 대응점을 찾아 표시하고, 표시한 점들을 선분으로 연결하여 합동인 사각형을 그립니다.
> **참고** 뒤집거나 돌려서 포개었을 때 완전히 겹치도록 그렸으면 모두 정답입니다.

07 (변 ㄴㄷ)=(변 ㅇㅁ)=9 cm
(변 ㄷㄹ)=(변 ㅁㅂ)=7 cm
➡ (사각형 ㄱㄴㄷㄹ의 둘레)
=6+9+7+4=26 (cm)
> **참고** 합동인 두 도형은 모양과 크기가 같으므로 도형의 둘레, 넓이가 각각 같습니다.

08 **예** ❶ (각 ㄹㅁㅂ)=(각 ㄱㄴㄷ)=70°
❷ 삼각형의 세 각의 크기의 합은 180°이므로
(각 ㅂㄹㅁ)=180°−70°−65°=45°
❸ 45°

채점 기준
❶ 각 ㄹㅁㅂ의 크기를 구한 경우
❷ 각 ㅂㄹㅁ의 크기를 구한 경우
❸ 답을 바르게 쓴 경우

3
한 직선을 따라 접었을 때 완전히 겹치는 도형을 찾으면 나, 다입니다.
한 점을 중심으로 180° 돌렸을 때 원래 도형의 모양과 완전히 겹치는 도형을 찾으면 가, 라입니다.

09
한 직선을 따라 접었을 때 완전히 겹치는 도형을 찾으면 가, 다, 라입니다.
한 점을 중심으로 180° 돌렸을 때 원래 도형의 모양과 완전히 겹치는 도형을 찾으면 나, 다입니다.

10 가 나 다
예 ❶ 선대칭도형인 것은 나, 다이고, 점대칭도형인 것은 가, 다입니다.
❷ 선대칭도형이면서 점대칭도형인 것은 다입니다.
❸ 다

채점 기준
❶ 선대칭도형인 것과 점대칭도형인 것을 각각 찾은 경우
❷ 선대칭도형이면서 점대칭도형인 것을 찾은 경우
❸ 답을 바르게 쓴 경우

11 도형 가는 선대칭도형이면서 점대칭도형이고, 도형 나는 선대칭도형입니다. 민하의 설명은 점대칭도형에 대한 설명이고, 도형 나는 선대칭도형이므로 잘못 설명한 친구는 민하입니다.

12

가의 대칭축은 4개, 나의 대칭축은 3개입니다.
4＞3이므로 대칭축이 더 많은 것은 가입니다.

4 선대칭도형에서 각각의 대응변의 길이가 서로 같으므로 (변 ㄴㄷ)＝(변 ㅇㅅ)＝11 cm이고, 각각의 대응각의 크기가 서로 같으므로
(각 ㅅㅇㄱ)＝(각 ㄷㄴㄱ)＝95°입니다.

13 선대칭도형에서 각각의 대응변의 길이가 서로 같으므로 (변 ㄱㄴ)＝(변 ㄱㄹ)＝7 cm이고, 각각의 대응각의 크기가 서로 같으므로
(각 ㄷㄹㄱ)＝(각 ㄷㄴㄱ)＝40°입니다.

14 선대칭도형의 각각의 대응점에서 대칭축까지의 거리가 서로 같습니다.
➡ (선분 ㄹㅁ)＝(선분 ㄴㅁ)＝20÷2＝10 (cm)

15 각 점의 대응점을 찾아 표시한 후 점을 차례로 이어 선대칭도형을 완성합니다.

16 (각 ㄱㄴㅂ)＝(각 ㄹㄷㅂ)＝120°이고,
(각 ㄴㅂㅁ)＝(각 ㅂㅁㄱ)＝90°입니다.
사각형 ㄱㄴㅂㅁ의 네 각의 크기의 합은 360°이므로
(각 ㅁㄱㄴ)＝360°－90°－90°－120°＝60°입니다.

5 점대칭도형에서 각각의 대응변의 길이가 서로 같으므로 (변 ㄹㅁ)＝(변 ㄱㄴ)＝8 cm이고, 각각의 대응각의 크기가 서로 같으므로
(각 ㄴㄷㄹ)＝(각 ㅁㅂㄱ)＝30°입니다.

17 ㉠ 변 ㄱㅂ의 대응변은 변 ㄹㄷ입니다.
㉡ 변 ㄱㄴ의 대응변은 변 ㄹㅁ이므로
(변 ㄱㄴ)＝6 cm입니다.
㉢ 각 ㄱㄴㄷ의 대응각은 각 ㄹㅁㅂ이므로
(각 ㄱㄴㄷ)＝90°입니다.

18 점대칭도형의 각각의 대응점에서 대칭의 중심까지의 거리는 같으므로 (선분 ㄴㅇ)＝(선분 ㅁㅇ)＝7 cm입니다.
➡ (선분 ㄴㅁ)＝7＋7＝14 (cm)

19 각 점의 대응점을 찾아 표시한 후 점을 차례로 이어 점대칭도형을 완성합니다.

20 (변 ㄷㄹ)＝(변 ㄱㄴ)＝14 cm
(변 ㄹㄱ)＝(변 ㄴㄷ)＝18 cm
➡ (점대칭도형의 둘레)
＝14＋18＋14＋18＝64 (cm)

응용＋수학역량 UP UP 91~93쪽

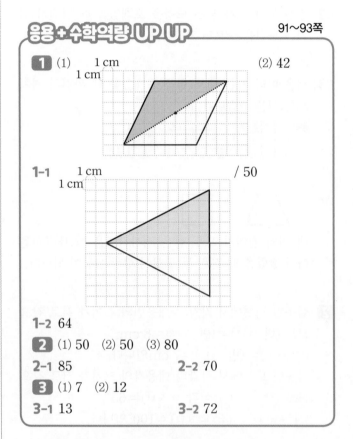

1 (1) [그림] (2) 42
1-1 [그림] / 50
1-2 64
2 (1) 50 (2) 50 (3) 80
2-1 85   **2-2** 70
3 (1) 7 (2) 12
3-1 13   **3-2** 72

1 (2) 완성한 점대칭도형은 밑변이 7 cm이고, 높이가 6 cm인 평행사변형입니다.
➡ (완성한 점대칭도형의 넓이)＝7×6＝42 (cm²)
다른 풀이 완성한 점대칭도형의 넓이는 주어진 도형의 넓이의 2배입니다.
(주어진 도형의 넓이)＝7×6÷2＝21 (cm²)
➡ (완성한 점대칭도형의 넓이)＝21×2＝42 (cm²)

1-1 완성한 선대칭도형은 밑변이 5＋5＝10 (cm)이고, 높이가 10 cm인 삼각형입니다.
➡ (완성한 선대칭도형의 넓이)
＝10×10÷2＝50 (cm²)
다른 풀이 완성한 선대칭도형의 넓이는 주어진 도형의 넓이의 2배입니다.
(주어진 도형의 넓이)＝10×5÷2＝25 (cm²)
➡ (완성한 선대칭도형의 넓이)＝25×2＝50 (cm²)

1-2

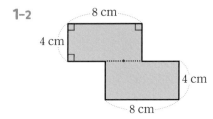

8 cm
4 cm
4 cm
8 cm

완성한 점대칭도형의 넓이는 가로가 8 cm, 세로가 4 cm인 직사각형의 넓이의 2배입니다.
(주어진 도형의 넓이)=8×4=32 (cm²)
➡ (완성한 점대칭도형의 넓이)=32×2=64 (cm²)

2 (1) 일직선이 이루는 각은 180°이므로
(각 ㄱㄹㄷ)=180°−130°=50°입니다.
(2) 대응각의 크기가 서로 같으므로
(각 ㄱㄴㄷ)=(각 ㄱㄹㄷ)=50°입니다.
(3) 삼각형의 세 각의 크기의 합은 180°이므로 삼각형 ㄱㄴㄹ에서
(각 ㄴㄱㄹ)=180°−50°−50°=80°입니다.

2-1 점대칭도형에서 각각의 대응각의 크기가 서로 같으므로
(각 ㅁㅂㄱ)=(각 ㄴㄷㄹ)=150°입니다.
사각형의 네 각의 크기의 합은 360°이므로 사각형 ㄱㄹㅁㅂ에서
(각 ㄹㅁㅂ)=360°−35°−90°−150°=85°입니다.

2-2 주어진 도형은 직선 ㄱㄹ, 직선 ㅅㅇ을 대칭축으로 하는 선대칭도형입니다.
직선 ㄱㄹ을 대칭축으로 하면 각 ㄹㅁㅇ의 대응각은 각 ㄹㄷㅅ이고, 직선 ㅅㅇ을 대칭축으로 하면 각 ㄹㄷㅅ의 대응각은 ㄱㄴㅅ이므로
(각 ㄹㅁㅇ)=(각 ㄹㄷㅅ)=(각 ㄱㄴㅅ)=110°입니다.
일직선이 이루는 각은 180°이므로
㉠=180°−110°=70°입니다.

3 (1) (변 ㄱㄴ)=(변 ㄷㄹ)=7 cm
(2) 삼각형 ㄱㄴㄷ의 둘레가 32 cm이므로
(변 ㄴㄷ)=32−13−7=12 (cm)입니다.

3-1 (변 ㄴㄷ)=(변 ㅁㄷ)=5 cm이므로
(변 ㄷㄹ)=(변 ㄴㄹ)−(변 ㄴㄷ)
=17−5=12 (cm)입니다.
삼각형 ㄱㄴㄷ의 둘레가 30 cm이면 삼각형 ㄹㅁㄷ의 둘레도 30 cm이므로
(변 ㄹㅁ)=30−5−12=13 (cm)입니다.

3-2 (변 ㄱㅂ)=(변 ㅁㅂ)=9 cm이므로
(변 ㄱㄹ)=9+15=24 (cm)이고,
(변 ㄱㄴ)=(변 ㅁㄹ)=12 cm입니다.
➡ (직사각형 ㄱㄴㄷㄹ의 둘레)
=(24+12)×2=72 (cm)

단원 평가 1회

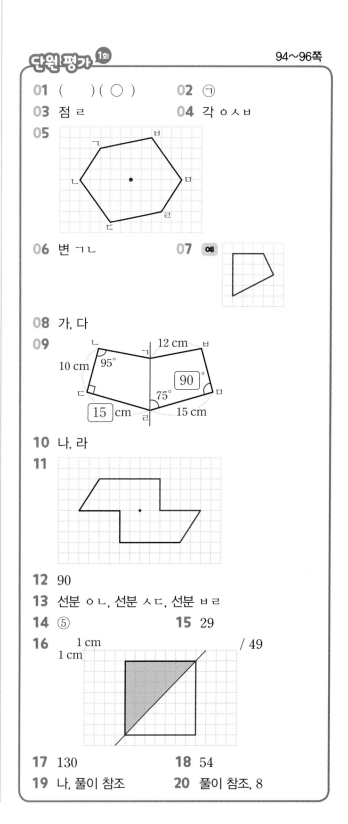

01 ( )(○) **02** ㉠
03 점 ㄹ **04** 각 ㅇㅅㅂ
05
06 변 ㄱㄴ **07** 예
08 가, 다
09

12 cm
10 cm 95°
90
15 cm 75° 15 cm

10 나, 라
11
12 90
13 선분 ㅇㄴ, 선분 ㅅㄷ, 선분 ㅂㄹ
14 ⑤ **15** 29
16
1 cm
1 cm
/ 49
17 130 **18** 54
19 나, 풀이 참조 **20** 풀이 참조, 8

01 포개었을 때 완전히 겹치는 도형을 찾습니다.

02 한 직선을 따라 접었을 때 도형이 완전히 겹치게 하는 직선을 찾으면 ㉠입니다.

03 포개었을 때 점 ㅁ과 겹치는 꼭짓점은 점 ㄹ입니다.

04 포개었을 때 각 ㄱㄴㄷ과 겹치는 각은 각 ㅇㅅㅂ입니다.

05 한 점을 중심으로 $180°$ 돌렸을 때 원래 도형의 모양과 완전히 겹치게 하는 점을 찾습니다.

참고 점대칭도형에서 대응점끼리 이은 선분이 만나는 점이 대칭의 중심입니다.

06 한 점을 중심으로 $180°$ 돌렸을 때 변 ㄹㅁ과 겹치는 변은 변 ㄱㄴ입니다.

07 각 꼭짓점의 대응점을 찾아 표시하고, 표시한 점들을 선분으로 연결하여 합동인 사각형을 그립니다.

08 가 ㅌ   다 ㅊ

한 직선을 따라 접었을 때 완전히 겹치는 도형을 모두 찾으면 가, 다입니다.

09 선대칭도형에서 각각의 대응변의 길이가 서로 같고, 각각의 대응각의 크기가 서로 같습니다.
➡ (변 ㄷㄹ)=(변 ㅁㄹ)=$15\,$cm
(각 ㄹㅁㅂ)=(각 ㄹㄷㄴ)=$90°$

10 선분을 따라 자른 도형을 포개었을 때 완전히 겹치는 두 도형을 찾으면 나, 라입니다.

11 각 점의 대응점을 찾아 표시한 후 점을 차례로 이어 점대칭도형을 완성합니다.

12 대응점끼리 이은 선분은 대칭축과 수직으로 만나므로 각 ㅇㅈㄱ은 $90°$입니다.

13 대칭축은 대응점끼리 이은 선분을 둘로 똑같이 나눕니다.

14

원은 원의 중심을 지나는 어떤 직선을 따라 접어도 완전히 겹치므로 원의 대칭축은 무수히 많습니다.

15 (변 ㄱㄷ)=(변 ㄹㅁ)=$7\,$cm
(삼각형 ㄹㅁㅂ의 둘레)=(삼각형 ㄱㄷㄴ의 둘레)
$=14+8+7=29\,$(cm)

다른풀이 (변 ㅁㅂ)=(변 ㄷㄴ)=$8\,$cm
(변 ㅂㄹ)=(변 ㄴㄱ)=$14\,$cm
➡ (삼각형 ㄹㅁㅂ의 둘레)=$7+8+14=29\,$(cm)

16 완성한 선대칭도형은 한 변이 $7\,$cm인 정사각형입니다.
➡ (완성한 선대칭도형의 넓이)=$7×7=49\,$(cm^2)

참고 (정사각형의 넓이)=(한 변)×(한 변)

17 (각 ㄱㄴㄷ)=(각 ㄷㄹㄱ)=$50°$
사각형 ㄱㄴㄷㄹ의 네 각의 크기의 합은 $360°$이므로
(각 ㄴㄷㄹ)=(각 ㄹㄱㄴ)=$(360°-50°-50°)÷2$
$=260÷2=130°$입니다.

18 (변 ㄴㅁ)=(변 ㅂㅁ)=$8\,$cm이므로
(변 ㄴㄷ)=$8+10=18\,$(cm)입니다.
(변 ㄱㄴ)=(변 ㄷㅂ)=$6\,$cm이므로
(삼각형 ㄱㄴㄷ의 넓이)=$18×6÷2=54\,$(cm^2)입니다.

19 ❶ 나
예 ❷ 도형 가와 포개었을 때 완전히 겹치지 않기 때문입니다.

채점 기준	배점
❶ 합동이 아닌 도형을 찾아 기호를 쓴 경우	2점
❷ 합동이 아닌 이유를 바르게 쓴 경우	3점

20 예 ❶ 각각의 대응점에서 대칭의 중심까지의 거리가 서로 같으므로 (선분 ㄷㅂ)=$3+3=6\,$(cm)입니다.
❷ 각각의 대응변의 길이가 서로 같으므로
(변 ㄴㄷ)=(변 ㅁㅂ)=$14-6=8\,$(cm)입니다.
❸ 8

채점 기준	배점
❶ 선분 ㄷㅂ의 길이를 구한 경우	1점
❷ 변 ㄴㄷ의 길이를 구한 경우	2점
❸ 답을 바르게 쓴 경우	2점

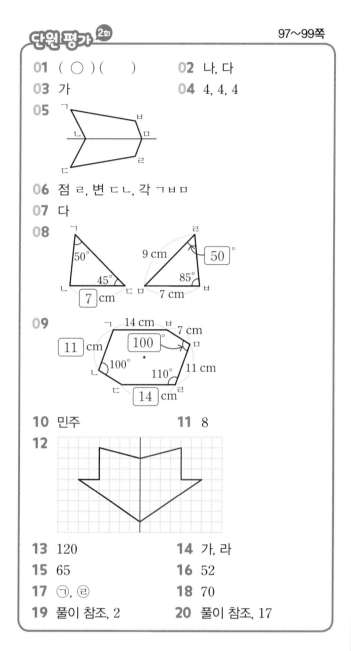

01 (◯) (   )   **02** 나, 다

03 가   **04** 4, 4, 4

05

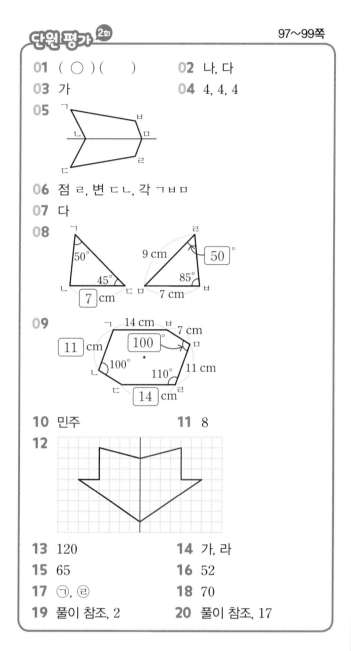

06 점 ㄹ, 변 ㄷㄴ, 각 ㄱㅂㅁ

07 다

08

9 cm, 50°, 85°, 7 cm, 50°, 45°, 7 cm

09

14 cm, 7 cm, 100, 11 cm, 100°, 110°, 11 cm, 14 cm

10 민주   **11** 8

12

13 120   **14** 가, 라

15 65   **16** 52

17 ㉠, ㉣   **18** 70

19 풀이 참조, 2   **20** 풀이 참조, 17

01 점선을 따라 자른 두 도형을 포개었을 때 완전히 겹치는 것을 찾습니다.

02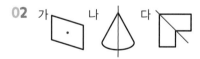
가   나   다

한 직선을 따라 접었을 때 완전히 겹치는 도형을 찾으면 나, 다입니다.

03 한 점을 중심으로 180° 돌렸을 때 원래 도형의 모양과 완전히 겹치는 도형을 찾으면 가입니다.

04 합동인 두 사각형에서 대응점, 대응변, 대응각은 각각 4쌍입니다.

05 한 직선을 따라 접었을 때 도형이 완전히 겹치게 하는 직선을 그립니다.

06 대칭축을 따라 접었을 때 겹치는 꼭짓점, 겹치는 변, 겹치는 각을 각각 찾습니다.

07 가와 포개었을 때 완전히 겹치지 않는 도형을 찾으면 다입니다. 가, 나, 라는 모양과 크기가 같아서 포개었을 때 완전히 겹치므로 합동입니다.

08 합동인 두 도형에서 각각의 대응변의 길이가 서로 같고, 각각의 대응각의 크기가 서로 같습니다.
➡ (변 ㄴㄷ)=(변 ㅂㅁ)=7 cm
(각 ㅂㄹㅁ)=(각 ㄴㄱㄷ)=50°

09 점대칭도형에서 각각의 대응변의 길이가 서로 같고, 각각의 대응각의 크기가 서로 같습니다.
➡ (변 ㄱㄴ)=(변 ㄹㅁ)=11 cm
(변 ㄷㄹ)=(변 ㅂㄱ)=14 cm
(각 ㄹㅁㅂ)=(각 ㄱㄴㄷ)=100°

10 점대칭도형은 대칭축이 없습니다.
점대칭도형에서 대응점끼리 이은 선분이 만나는 점은 대칭의 중심입니다.
참고 민주는 선대칭도형에 대해 설명하고 있습니다.

11 각각의 대응점에서 대칭축까지의 거리가 서로 같으므로 (선분 ㄹㅂ)=4+4=8 (cm)입니다.

12 각 점의 대응점을 찾아 표시한 후 점을 차례로 이어 선대칭도형을 완성합니다.

13 (각 ㅅㅇㅁ)=(각 ㄴㄱㄹ)=85°이고, 사각형 ㅁㅂㅅㅇ의 네 각의 크기의 합은 360°이므로
(각 ㅁㅂㅅ)=360°−80°−75°−85°=120°입니다.

14 가   나   다   라

선대칭도형인 것은 가, 나, 라이고, 점대칭도형인 것은 가, 다, 라입니다.
따라서 선대칭도형이면서 점대칭도형인 것은 가, 라입니다.

15 (각 ㄱㄴㅂ)=(각 ㄹㄷㅂ)=115°이고, 사각형 ㄱㄴㅂㅁ의 네 각의 크기의 합은 360°이므로
(각 ㅁㄱㄴ)=360°−115°−90°−90°=65°입니다.

다른 풀이 (각 ㄱㄴㅂ)=(각 ㄹㄷㅂ)=115°
사각형 ㄱㄴㄷㄹ의 네 각의 크기의 합은 360°이므로
(각 ㅁㄱㄴ)+(각 ㅁㄹㄷ)=360°−115°−115°=130°,
(각 ㅁㄱㄴ)=(각 ㅁㄹㄷ)=130°÷2=65°입니다.

16 (선분 ㄱㅅ)=(선분 ㄴㅅ)
　　　　　=(선분 ㅁㅇ)=(선분 ㄹㅇ)=5 cm
(선분 ㄱㅂ)=(선분 ㄴㄷ)
　　　　　=(선분 ㄹㄷ)=(선분 ㅁㅂ)=8 cm
➡ (선대칭도형의 둘레)
　=5+5+8+8+5+5+8+8=52 (cm)

17
ㄱ ◇ ㄴ ▱ ㄷ ▭ ㄹ □

네 변의 길이가 모두 같은 마름모와 정사각형은 두 대각선을 따라 잘랐을 때 잘린 네 도형이 항상 합동이 됩니다.

18 (각 ㄹㄷㄷ)=(각 ㄱㄷㄴ)=25°이고, 삼각형 ㄹㄷㄷ 의 세 각의 크기의 합은 180°이므로
(각 ㄴㄷㄹ)=180°−85°−25°=70°입니다.

19

예 ❶ 정사각형의 대칭축은 4개이고, 정육각형의 대칭축은 6개입니다.
❷ 정사각형과 정육각형의 대칭축 수의 차는
6−4=2(개)입니다.
❸ 2

채점 기준	배점
❶ 정사각형과 정육각형의 대칭축 수를 각각 구한 경우	2점
❷ 대칭축 수의 차를 구한 경우	1점
❸ 답을 바르게 쓴 경우	2점

20 **예 ❶** (변 ㄷㄹ)=(변 ㅂㄱ)=8 cm
(변 ㄱㄴ)=(변 ㄹㅁ)=16 cm
❷ (변 ㄴㄷ)+(변 ㅁㅂ)=82−8−8−16−16
　　　　　　　　　　　=34 (cm)
(변 ㄴㄷ)=(변 ㅁㅂ)=34÷2=17 (cm)
❸ 17

채점 기준	배점
❶ 변 ㄷㄹ, 변 ㄱㄴ의 길이를 각각 구한 경우	1점
❷ 변 ㄴㄷ의 길이를 구한 경우	2점
❸ 답을 바르게 쓴 경우	2점

4단원 소수의 곱셈

교과서+익힘책 개념탄탄
103쪽

1 2.4　　　　　　　　**2** 414, 41.4
3 17, 17, 136, 13.6
4 방법1 19, 19, 76, 7.6
　　방법2 76, 7.6
5 (1) 5.6　(2) 12.9　(3) 12.5　(4) 7.2
6 22.5

1 0.6은 0.1 이 6개이므로 0.6×4는 0.1 이
6×4=24(개)입니다.
0.1 이 10개이면 1 이 1개인 것과 같으므로 0.1 이
24개이면 1 이 2개, 0.1 이 4개가 되어
0.6×4=2.4입니다.

2 46×9=414이고, 4.6은 46의 $\frac{1}{10}$배이므로
4.6×9=41.4입니다.

3 $1.7=\frac{17}{10}$을 이용하여 분수의 곱셈으로 계산합니다.

4 $1.9=\frac{19}{10}$를 이용하여 분수의 곱셈으로 계산하거나 자연수의 곱셈을 이용하여 계산합니다.

5 (1)　　0.8
　　　× 　7
　　───────
　　　　5.6

(2)　　4.3
　　× 　3
　───────
　1 2.9

(3)　　2
　　2.5
　× 　5
　───────
　1 2.5

(4)　　0.6
　×1 2
　───────
　　1 2
　　6
　───────
　　7.2

6　　0.9
　×2 5
　───────
　4 5
　1 8
　───────
　2 2.5

다른 풀이 분수의 곱셈으로 계산할 수 있습니다.
$0.9\times25=\frac{9}{10}\times25=\frac{9\times25}{10}=\frac{225}{10}=22.5$

교과서+익힘책 개념탄탄

1 29, 29, 116, 1.16

2 (위에서부터) 308, 100, 3.08

3 방법1 37, 37, 185, 1.85
  방법2 185, 1.85

4 $1.38 \times 9 = \dfrac{138}{100} \times 9 = \dfrac{138 \times 9}{100} = \dfrac{1242}{100} = 12.42$

5 (1) 10.26 (2) 2.24 (3) 4.55 (4) 25.92

6 22.32

1 $0.29 = \dfrac{29}{100}$ 를 이용하여 분수의 곱셈으로 계산합니다.

2 $154 \times 2 = 308$이고, 1.54는 154의 $\dfrac{1}{100}$ 배이므로 $1.54 \times 2 = 3.08$입니다.

3 $0.37 = \dfrac{37}{100}$ 을 이용하여 분수의 곱셈으로 계산하거나 자연수의 곱셈을 이용하여 계산합니다.

4 곱해지는 수가 소수 두 자리 수이므로 분모가 100인 분수로 나타내 계산합니다.

5 (3)
```
     0.6 5
  ×     7
  ─────────
   4.5 5
```
(4)
```
  ¹ ³
     3.2 4
  ×     8
  ─────────
  2 5.9 2
```

6
```
     0.9 3
  ×   2 4
  ─────────
   3 7 2
  1 8 6
  ─────────
  2 2.3 2
```

교과서+익힘책 개념탄탄

1 1.2

2 (위에서부터) 10, 19.2

3 57, 57, 342, 34.2

4
```
     2 6
  ×  1.9
  ─────────
  2 3 4
  2 6
  ─────────
  4 9.4
```

5 (1) 5.6
  (2) 12.6
  (3) 13.2
  (4) 82.8

6 16.2

1 아래 그림에서 한 칸의 크기는 0.1이고, 색칠한 칸은 12칸이므로 $2 \times 0.6 = 1.2$입니다.

2 $8 \times 24 = 192$이고, 2.4는 24의 $\dfrac{1}{10}$ 배이므로 $8 \times 2.4 = 19.2$입니다.

3 $5.7 = \dfrac{57}{10}$ 을 이용하여 분수의 곱셈으로 계산합니다.

4 보기와 같이 세로로 계산한 후 알맞은 곳에 소수점을 찍습니다.

5 (2)
```
       9
  ×  1.4
  ─────────
   3 6
   9
  ─────────
  1 2.6
```
(4)
```
     3 6
  ×  2.3
  ─────────
  1 0 8
  7 2
  ─────────
  8 2.8
```

6
```
     8 1
  ×  0.2
  ─────────
  1 6.2
```

교과서+익힘책 개념탄탄

1 (왼쪽에서부터) 100, 8.28

2 72, 72, 216, 2.16

3 (1) 큽니다에 ○표 (2) 작습니다에 ○표

4 (1) 3.84 (2) 17.2 (3) 2.34 (4) 22.6

5 58.35

6 승우

1 $6 \times 138 = 828$이고, 1.38은 138의 $\dfrac{1}{100}$ 배이므로 $6 \times 1.38 = 8.28$입니다.

2 $0.72 = \dfrac{72}{100}$ 를 이용하여 분수의 곱셈으로 계산합니다.

3 (1) 0.52를 반올림하여 소수 첫째 자리까지 나타내면 0.5이고 $4 \times 0.5 = 2$이므로 4×0.52는 2보다 큽니다.
  (2) 2.19를 반올림하여 소수 첫째 자리까지 나타내면 2.2이고 $5 \times 2.2 = 11$이므로 5×2.19는 11보다 작습니다.

4 (3)
$$\begin{array}{r} 6 \\ \times\,0.3\,9 \\ \hline 5\,4 \\ 1\,8 \\ \hline 2.3\,4 \end{array}$$

(4)
$$\begin{array}{r} 5 \\ \times\,4.5\,2 \\ \hline 1\,0 \\ 2\,5 \\ 2\,0 \\ \hline 2\,2.6\,\cancel{0} \end{array}$$

5
$$\begin{array}{r} 1\,5 \\ \times\,3.8\,9 \\ \hline 1\,3\,5 \\ 1\,2\,0 \\ 4\,5 \\ \hline 5\,8.3\,5 \end{array}$$

6 $36 \times 0.45 = 36 \times \dfrac{45}{100} = \dfrac{36 \times 45}{100}$
$$= \dfrac{1620}{100} = 16.2$$

유형별 실력쑥쑥
110~113쪽

1 (1) 47.6 (2) 14.62

01

02 1.62

03 0.8, 16.8　　**04** >

2 (1) 31.5 (2) 20.48

05 72.9, 137.16

06 방법1 예 $4 \times 3.6 = 4 \times \dfrac{36}{10} = \dfrac{4 \times 36}{10}$
$$= \dfrac{144}{10} = 14.4$$

방법2 예 $4 \times 36 = 144$
$$\downarrow {\scriptstyle\frac{1}{10}배} \qquad\qquad \downarrow {\scriptstyle\frac{1}{10}배}$$
$$4 \times 3.6 = 14.4$$

07 9×2.8에 색칠　　**08** 풀이 참조

3 (○)(　)

09 ㉠

10 13×0.5, 0.72×9에 색칠

11 건희　　**12** ㉡, ㉢, ㉠

4 $75 \times 0.7 = 52.5$ / 52.5

13 $3 \times 1.25 = 3.75$ / 3.75

14 $6.3 \times 4 = 25.2$ / 25.2

15 19.2　　**16** 풀이 참조, 24.8

1 (1) $2.8 \times 17 = \dfrac{28}{10} \times 17 = \dfrac{28 \times 17}{10} = \dfrac{476}{10} = 47.6$

(2) $0.43 \times 34 = \dfrac{43}{100} \times 34 = \dfrac{43 \times 34}{100}$
$$= \dfrac{1462}{100} = 14.62$$

01
$$\begin{array}{r} {\scriptstyle 3} \\ 3.4 \\ \times\quad 9 \\ \hline 3\,0.6 \end{array}$$
$$\begin{array}{r} {\scriptstyle 1\ 2} \\ 8.4\,5 \\ \times\quad\ 4 \\ \hline 3\,3.8\,\cancel{0} \end{array}$$

02 ㉠ 0.1이 2개, 0.01이 7개인 수는 0.27입니다.
㉡ 1이 6개인 수는 6입니다.
➡ $0.27 \times 6 = 1.62$

03 $0.16 \times 5 = 0.8$, $0.8 \times 21 = 16.8$

04 $7.3 \times 2 = 14.6$, $0.21 \times 65 = 13.65$ ➡ $14.6 > 13.65$

2 (1) $35 \times 0.9 = 35 \times \dfrac{9}{10} = \dfrac{35 \times 9}{10} = \dfrac{315}{10} = 31.5$

(2) $8 \times 2.56 = 8 \times \dfrac{256}{100} = \dfrac{8 \times 256}{100}$
$$= \dfrac{2048}{100} = 20.48$$

05
$$\begin{array}{r} 2\,7 \\ \times\,2.7 \\ \hline 1\,8\,9 \\ 5\,4 \\ \hline 7\,2.9 \end{array}$$
$$\begin{array}{r} 2\,7 \\ \times\,5.0\,8 \\ \hline 2\,1\,6 \\ 1\,3\,5 \\ \hline 1\,3\,7.1\,6 \end{array}$$

06 $3.6 = \dfrac{36}{10}$을 이용하여 분수의 곱셈으로 계산할 수 있고, $4 \times 36 = 144$를 이용하여 계산할 수 있습니다.

07 $32 \times 0.78 = 24.96$, $9 \times 2.8 = 25.2$
➡ $24.96 < 25.2$이므로 9×2.8에 색칠합니다.

08 예 ❶ $8 \times 27 = 216$이고 0.27은 27의 $\dfrac{1}{100}$배이므로 8×0.27은 216의 $\dfrac{1}{100}$배인 2.16입니다.

❷
$$\begin{array}{r} 8 \\ \times\,0.2\,7 \\ \hline 2.1\,6 \end{array}$$

채점 기준
❶ 잘못 계산한 이유를 쓴 경우
❷ 바르게 계산한 경우

3 ・$6 \times 0.5 = 3$이고, 0.53은 0.5보다 크므로
6×0.53은 3보다 큽니다.
・$6 \times 0.5 = 3$이고, 0.48은 0.5보다 작으므로
6×0.48은 3보다 작습니다.

09 ㉠ 1.9는 2보다 작으므로 1.9×2는 4보다 작습니다.
㉡ 1.2는 1보다 크므로 1.2×4는 4보다 큽니다.

10 ・1.4는 2보다 작으므로 1.4×3은 6보다 작습니다.
・$12 \times 0.5 = 6$이므로 13×0.5는 6보다 큽니다.
・0.72는 0.7보다 크므로 0.72×9는 6보다 큽니다.

11 ・연호: 4.3은 4보다 크므로 4.3의 2배는 8보다 큽니다.
・지우: 1.1은 1보다 크므로 1.1×8은 8보다 큽니다.
・건희: 1.7은 2보다 작으므로 1.7과 4의 곱은 8보다 작습니다.

12 ㉠ 0.94는 1보다 작으므로 12×0.94는 12보다 작습니다.
㉡ 3.2는 3보다 크므로 3.2와 5의 곱은 15보다 큽니다.
㉢ 24의 0.5배는 12입니다.
➡ ㉡＞㉢＞㉠

4 (재호의 몸무게)＝(아버지의 몸무게)$\times 0.7$
$= 75 \times 0.7 = 52.5$ (kg)

13 (집에서 우체국까지의 거리)
＝(집에서 서점까지의 거리)$\times 1.25$
$= 3 \times 1.25 = 3.75$ (km)

14 마름모는 네 변이 모두 같으므로 둘레는
(한 변)$\times 4 = 6.3 \times 4 = 25.2$ (cm)입니다.

15 한 시간은 60분입니다.
➡ (한 시간 동안 받는 물의 양)
＝(1분 동안 나오는 물의 양)$\times 60$
$= 0.32 \times 60 = 19.2$ (L)

16 예 ❶ (나무를 심은 간격 수)＝$6 - 1 = 5$(군데)
❷ (첫 번째 나무와 여섯 번째 나무 사이의 거리)
＝(나무 사이의 간격)$\times 5$
$= 4.96 \times 5 = 24.8$ (m)
❸ 24.8

채점 기준
❶ 나무를 심은 간격 수를 구한 경우
❷ 첫 번째 나무와 여섯 번째 나무 사이의 거리를 구한 경우
❸ 답을 바르게 쓴 경우

교과서＋익힘책 개념탄탄 115쪽

1 0.48
2 $27, 27, 378, 3.78$
3 (위에서부터) $608, 100, 6.08$
4
$$\begin{array}{r} 5.5 \\ \times\ 1.7 \\ \hline 3\ 8\ 5 \\ 5\ 5 \\ \hline 9.3\ 5 \end{array}$$
5 (1) 0.63
(2) 1.7
(3) 1.16
(4) 8.06
6 0.36

1 모눈 한 칸의 크기가 0.01이고, 모눈 48칸이 색칠되어 있으므로 $0.8 \times 0.6 = 0.48$입니다.

2 $1.4 = \dfrac{14}{10}$, $2.7 = \dfrac{27}{10}$을 이용하여 분수의 곱셈으로 계산합니다.

3 $32 \times 19 = 608$이고, 3.2와 1.9는 각각 32와 19의 $\dfrac{1}{10}$배이므로 3.2×1.9는 608의 $\dfrac{1}{100}$배인 6.08입니다.

4 보기와 같이 세로로 계산한 후 알맞은 곳에 소수점을 찍습니다.

5 (1)
$$\begin{array}{r} 0.9 \\ \times\ 0.7 \\ \hline 0.6\ 3 \end{array}$$
(2)
$$\begin{array}{r} \overset{2}{3}.4 \\ \times\ 0.5 \\ \hline 1.7\ \cancel{0} \end{array}$$
(3)
$$\begin{array}{r} 0.4 \\ \times\ 2.9 \\ \hline 3\ 6 \\ 8 \\ \hline 1.1\ 6 \end{array}$$
(4)
$$\begin{array}{r} 6.2 \\ \times\ 1.3 \\ \hline 1\ 8\ 6 \\ 6\ 2 \\ \hline 8.0\ 6 \end{array}$$

6
$$\begin{array}{r} \overset{1}{}1.8 \\ \times\ 0.2 \\ \hline 0.3\,6 \end{array}$$

6
$$\begin{array}{r} \overset{4}{}3.0\,7 \\ \times\ \ 0.6 \\ \hline 1.8\,4\,2 \end{array}$$

교과서+익힘책 개념탄탄　117쪽

1 작습니다에 ○표
2 3, 156, 3, 156, 468, 0.468
3 41.6, 0.416
4 (위에서부터) 182, 1000, 0.182
5 (1) 1.445　(2) 10.672　(3) 0.26　(4) 7.585
6 1.842

1 0.47에 1보다 작은 수(0.8)를 곱하므로 0.47×0.8
　은 0.47보다 작습니다.

2 $0.3=\dfrac{3}{10}$, $1.56=\dfrac{156}{100}$을 이용하여 분수의 곱셈으
　로 계산합니다.

3 $32×13=416$이고 3.2는 32의 $\dfrac{1}{10}$배, 0.13은 13
　의 $\dfrac{1}{100}$배이므로 3.2×0.13은 416의 $\dfrac{1}{1000}$배인
　0.416입니다.

4 $26×7=182$이고 0.26은 26의 $\dfrac{1}{100}$배, 0.7은 7
　의 $\dfrac{1}{10}$배이므로 0.26×0.7은 182의 $\dfrac{1}{1000}$배인
　0.182입니다.

5 (1)
$$\begin{array}{r} 0.1\,7 \\ \times\ \ 8.5 \\ \hline 8\,5 \\ 1\,3\,6 \\ \hline 1.4\,4\,5 \end{array}$$
(2)
$$\begin{array}{r} 2.3 \\ \times 4.6\,4 \\ \hline 9\,2 \\ 1\,3\,8 \\ 9\,2 \\ \hline 1\,0.6\,7\,2 \end{array}$$

(3)
$$\begin{array}{r} \overset{2}{}0.6\,5 \\ \times\ \ 0.4 \\ \hline 0.2\,6\,0 \end{array}$$
(4)
$$\begin{array}{r} 3.7 \\ \times 2.0\,5 \\ \hline 1\,8\,5 \\ 7\,4 \\ \hline 7.5\,8\,5 \end{array}$$

교과서+익힘책 개념탄탄　119쪽

1 (1) 43, 430　(2) 0.25, 0.025
2 56, 5.6, 0.56, 0.056　3 ㉡
4 (1) 2.8, 0.28, 0.028　5 (1) 151.2
　(2) 56.2, 562, 5620　　(2) 1.512
6

1 (1) 곱하는 수가 10배 될 때마다 곱의 소수점 위치가
　　오른쪽으로 한 자리씩 옮겨집니다.
　(2) 곱하는 수가 $\dfrac{1}{10}$배 될 때마다 곱의 소수점 위치
　　가 왼쪽으로 한 자리씩 옮겨집니다.

2 곱하는 두 수의 소수점 아래 자리 수를 더한 것과 곱의
　소수점 아래 자리 수가 같습니다.

3 $945×0.01=9.45$

4 (1) 곱하는 수가 $\dfrac{1}{10}$배 될 때마다 곱의 소수점 위치
　　가 왼쪽으로 한 자리씩 옮겨집니다.
　(2) 곱하는 수가 10배 될 때마다 곱의 소수점 위치가
　　오른쪽으로 한 자리씩 옮겨집니다.

5 (1) 3.6×42는 곱해지는 수가 소수 한 자리 수이므
　　로 곱은 소수 한 자리 수인 151.2입니다.
　(2) 0.36×4.2는 곱해지는 수가 소수 두 자리 수, 곱
　　하는 수가 소수 한 자리 수이므로 곱은 소수 세
　　자리 수인 1.512입니다.

6 $851×0.01=8.51$, $8.51×10=85.1$
　$8510×0.1=851$, $0.851×100=85.1$,
　$8510×0.001=8.51$

유형별 실력쑥쑥

1 0.72, 24.38

01 (위에서부터) 3.6, 12.24

02 예

$$4.8 \times 0.6 = \frac{48}{10} \times \frac{6}{10} = \boxed{\frac{48 \times 6}{10}}$$
$$= \frac{288}{10} = 28.8$$

／ 예 $4.8 \times 0.6 = \frac{48}{10} \times \frac{6}{10} = \frac{48 \times 6}{10 \times 10}$
$$= \frac{288}{100} = 2.88$$

03 <

04 방법 1 예 $1.6 \times 2.2 = \frac{16}{10} \times \frac{22}{10} = \frac{16 \times 22}{10 \times 10}$
$$= \frac{352}{100} = 3.52$$

방법 2 예 $16 \times 22 = 352$

$\frac{1}{10}$배　　$\frac{1}{10}$배　　$\frac{1}{100}$배

$1.6 \times 2.2 = 3.52$

2 (1) 0.215　(2) 3.822

05 2.68×0.8, 2.68×0.4에 ○표

06

07 4.98, 18.924

08 풀이 참조, 3.888

3 32, 3.2, 0.32, 0.032

09

10 재희

11 (1) 0.46

　　(2) 0.213

12 ㄹ

4 $0.4 \times 2.9 = 1.16$ / 1.16

13 $4.6 \times 0.38 = 1.748$ / 1.748

14 $0.67 \times 0.9 = 0.603$ / 0.603

15 304.5, 620

16 풀이 참조, 15.4

1 $0.8 \times 0.9 = \frac{8}{10} \times \frac{9}{10} = \frac{8 \times 9}{10 \times 10} = \frac{72}{100} = 0.72$

$4.6 \times 5.3 = \frac{46}{10} \times \frac{53}{10} = \frac{46 \times 53}{10 \times 10} = \frac{2438}{100}$
$$= 24.38$$

01

```
    1
   7.2            7.2
 × 0.5          × 1.7
  3.6 0           5 0 4
                    7 2
                1 2.2 4
```

02 소수를 분수로 바꾼 후 분모는 분모끼리, 분자는 분자끼리 곱해야 합니다.

03 $2.3 \times 0.8 = 1.84$, $2.4 \times 0.8 = 1.92$ ➡ $1.84 < 1.92$
다른 풀이 $2.3 < 2.4$이므로 $2.3 \times 0.8 < 2.4 \times 0.8$입니다.

04 $1.6 = \frac{16}{10}$, $2.2 = \frac{22}{10}$를 이용하여 분수의 곱셈으로 계산할 수 있고, $16 \times 22 = 352$를 이용하여 계산할 수 있습니다.

2 (1) $0.43 \times 0.5 = \frac{43}{100} \times \frac{5}{10} = \frac{43 \times 5}{100 \times 10}$
$$= \frac{215}{1000} = 0.215$$

(2) $2.1 \times 1.82 = \frac{21}{10} \times \frac{182}{100} = \frac{21 \times 182}{10 \times 100}$
$$= \frac{3822}{1000} = 3.822$$

05 어떤 수에 1보다 작은 수를 곱하면 계산 결과는 어떤 수보다 작아집니다.

06

```
    0.8 9            0.3
  ×   1.4          × 2.7 2
    3 5 6              6
    8 9              2 1
  1.2 4 6            6
                  0.8 1 6
```

07

```
      1.2          → 4.9 8
    × 4.1 5          ×   3.8
      6 0          3 9 8 4
      1 2          1 4 9 4
    4 8          1 8.9 2 4
  4.9 8 0
```

08 예 ❶ $7.2 > 3.16 > 2.5 > 0.54$이므로
가장 큰 수는 7.2이고, 가장 작은 수는 0.54입니다.
❷ 가장 큰 수와 가장 작은 수의 곱은
$7.2 \times 0.54 = 3.888$입니다.
❸ 3.888

채점 기준
❶ 가장 큰 수와 가장 작은 수를 구한 경우
❷ 가장 큰 수와 가장 작은 수의 곱을 구한 경우
❸ 답을 바르게 쓴 경우

3 $4 \times 8 = 32$, $4 \times 0.8 = 3.2$, $4 \times 0.08 = 0.32$,
$4 \times 0.008 = 0.032$

09 곱하는 두 수의 소수점 아래 자리 수를 더한 것과 곱의 소수점 아래 자리 수가 같습니다.

10 ・수빈: $0.01 \times 460 = 4.6$
・재희: $460 \times 0.001 = 0.46$
・시우: $46 \times 0.1 = 4.6$

11 곱하는 두 수의 소수점 아래 자리 수를 더한 것과 곱의 소수점 아래 자리 수가 같습니다.

12 ㉠ $3.2 \times \square = 320 \Rightarrow \square = 100$
㉡ $\square \times 0.571 = 57.1 \Rightarrow \square = 100$
㉢ $7.45 \times \square = 745 \Rightarrow \square = 100$
㉣ $\square \times 802 = 80.2 \Rightarrow \square = 0.1$

4 (필요한 페인트의 양)
$= (1\ m^2$인 벽을 칠하는 데 필요한 페인트의 양)
$\quad \times$ (벽의 넓이)
$= 0.4 \times 2.9 = 1.16\ (L)$

13 (화성에서 잰 가방의 무게)
$=$ (지구에서 잰 가방의 무게) $\times 0.38$
$= 4.6 \times 0.38 = 1.748\ (kg)$

14 (평행사변형의 넓이) $=$ (밑변) $\times$ (높이)
$\qquad\qquad\qquad = 0.67 \times 0.9 = 0.603\ (m^2)$

15 (초콜릿의 무게) $= 30.45 \times 10 = 304.5\ (g)$
(젤리의 무게) $= 6.2 \times 100 = 620\ (g)$

16 예 ❶ 색칠한 부분을 붙이면 가로가
$6.5 - 2.1 = 4.4\ (km)$, 세로가 $3.5\ km$인 직사각형이 됩니다.
❷ (색칠한 부분의 넓이) $= 4.4 \times 3.5 = 15.4\ (km^2)$
❸ 15.4

채점 기준
❶ 색칠한 부분을 붙이면 어떤 도형이 되는지 구한 경우
❷ 색칠한 부분의 넓이를 구한 경우
❸ 답을 바르게 쓴 경우

응용 + 수학역량 UP UP 124~127쪽

1 (1) 8.58 (2) 6, 7, 8, 9
1-1 2 **1-2** 1, 2, 3, 4
2 (1) 72 (2) 64.8
2-1 2.25 **2-2** 0.285
3 (1) 6 (2) 2.7 (3) 16.2
3-1 58.08 **3-2** 100.1
4 (1) 7.6, 2.4
　(2) ⑦.⑥ × ②.④ = ①⑧.②④
4-1 0.⑧⑤ × 0.⓪② = ⓪.⓪①⑦
4-2 ⑨.③ × ⑤.④ = ⑤⓪.②②

1 (1) $6 \times 1.43 = 8.58$
(2) $8.58 < 8.\square$에서 $\square$ 안에 들어갈 수 있는 수는 6, 7, 8, 9입니다.

1-1 $2.5 \times 0.97 = 2.425$
$2.425 > 2.4\square6$에서 자연수, 소수 첫째 자리 수가 각각 같고 소수 셋째 자리 수가 $5 < 6$이므로 $\square$ 안에는 2보다 작은 수가 들어가야 합니다.
따라서 $\square$ 안에 들어갈 수 있는 수는 0, 1로 모두 2개입니다.

1-2 $2.36 \times 5.5 = 12.98$
$12.98 > 3.1 \times \square$이고 $3.1 \times 1 = 3.1$, $3.1 \times 2 = 6.2$,
$3.1 \times 3 = 9.3$, $3.1 \times 4 = 12.4$, $3.1 \times 5 = 15.5$입니다.
따라서 $\square$ 안에 들어갈 수 있는 자연수는 1, 2, 3, 4입니다.

2 (1) (공이 첫 번째로 튀어 오른 높이)
$=$ (공을 떨어뜨린 높이) $\times 0.9$
$= 80 \times 0.9 = 72\ (cm)$
(2) (공이 두 번째로 튀어 오른 높이)
$=$ (공이 첫 번째로 튀어 오른 높이) $\times 0.9$
$= 72 \times 0.9 = 64.8\ (cm)$

2-1 (공이 첫 번째로 튀어 오른 높이)
$=$ (공을 떨어뜨린 높이) $\times 0.75$
$= 4 \times 0.75 = 3\ (m)$
$\Rightarrow$ (공이 두 번째로 튀어 오른 높이)
$=$ (공이 첫 번째로 튀어 오른 높이) $\times 0.75$
$= 3 \times 0.75 = 2.25\ (m)$

2-2 (공이 첫 번째로 튀어 오른 높이)
$=$(공을 떨어뜨린 높이)$\times 0.5$
$=0.76\times 0.5=0.38 \text{ (m)}$
(공이 두 번째로 튀어 오른 높이)
$=$(공이 첫 번째로 튀어 오른 높이)$\times 0.5$
$=0.38\times 0.5=0.19 \text{ (m)}$
(공이 세 번째로 튀어 오른 높이)
$=$(공이 두 번째로 튀어 오른 높이)$\times 0.5$
$=0.19\times 0.5=0.095 \text{ (m)}$
➡ $0.38-0.095=0.285 \text{ (m)}$

3 (1) (한 시간 동안 사용하는 휘발유의 양)
$=0.08\times 75=6 \text{ (L)}$

(2) 2시간 42분 $=2\dfrac{\overset{7}{\cancel{42}}}{\underset{10}{\cancel{60}}}$ 시간 $=2\dfrac{7}{10}$ 시간 $=2.7$ 시간

참고 60분$=$1시간이므로 1분$=\dfrac{1}{60}$ 시간입니다.

(3) (2시간 42분 동안 사용한 휘발유의 양)
$=6\times 2.7=16.2 \text{ (L)}$

3-1 (한 시간 동안 사용하는 휘발유의 양)
$=0.15\times 88=13.2 \text{ (L)}$

4시간 24분 $=4\dfrac{\overset{4}{\cancel{24}}}{\underset{10}{\cancel{60}}}$ 시간 $=4\dfrac{4}{10}$ 시간 $=4.4$ 시간

➡ (4시간 24분 동안 사용한 휘발유의 양)
$=13.2\times 4.4=58.08 \text{ (L)}$

3-2 (수도꼭지 10개로 1분 동안 받은 물의 양)
$=0.55\times 10=5.5 \text{ (L)}$

18분 12초 $=18\dfrac{\overset{2}{\cancel{12}}}{\underset{10}{\cancel{60}}}$ 분 $=18\dfrac{2}{10}$ 분 $=18.2$ 분

➡ (수도꼭지 10개로 18분 12초 동안 받은 물의 양)
$=5.5\times 18.2=100.1 \text{ (L)}$

참고 60초$=$1분이므로 1초$=\dfrac{1}{60}$ 분입니다.

4 (1) $7>6>4>2$이므로 만들 수 있는 가장 큰 소수 한 자리 수는 7.6, 가장 작은 소수 한 자리 수는 2.4입니다.
(2) $7.6\times 2.4=18.24$

4-1 $8>5>2>0$이므로 만들 수 있는 가장 큰 소수 두 자리 수는 0.85, 가장 작은 소수 두 자리 수는 0.02입니다.
➡ $0.85\times 0.02=0.017$

4-2 곱이 가장 큰 곱셈식을 만들려면 곱하는 두 소수의 자연수 부분에 가장 큰 수와 두 번째로 큰 수를 놓아야 합니다.
$9>5>4>3$이므로 곱하는 두 소수의 자연수 부분에 9와 5를 놓으면 $9.3\times 5.4=50.22$, $9.4\times 5.3=49.82$입니다.
따라서 곱이 가장 큰 곱셈식은 $9.3\times 5.4=50.22$입니다.

참고 곱하는 수와 곱해지는 수의 순서가 바뀌어도 정답입니다.

단원 평가 1회 128~130쪽

01 39, 39, 195, 19.5
02 (왼쪽에서부터) 868, 100, 8.68
03 82.5, 825, 8250　　**04** ㉠
05 34.2
06 $4.5\times 0.5=\dfrac{45}{10}\times\dfrac{5}{10}=\dfrac{45\times 5}{10\times 10}=\dfrac{225}{100}=2.25$
07 9.5×1.6, 9.5×3.1에 ○표
08 0.44
09
10 18, 66.6
11 ㉢
12 $5.8\times 6=34.8$ / 34.8　**13** 34.551
14 $<$　　　　**15** ㉢
16 1.14　　　**17** 37.68
18 $\boxed{8}.\boxed{4}\times\boxed{6}.\boxed{5}=\boxed{54.6}$
19 풀이 참조, 2　　**20** 풀이 참조, 2.535

01 $3.9=\dfrac{39}{10}$ 를 이용하여 분수의 곱셈으로 계산합니다.

02 $7\times 124=868$이고, 1.24는 124의 $\dfrac{1}{100}$ 배이므로 $7\times 1.24=8.68$입니다.

03 곱하는 수가 10배 될 때마다 곱의 소수점 위치가 오른쪽으로 한 자리씩 옮겨집니다.

04 $436 \times 0.001 = 0.436$

05
$$\begin{array}{r} 9.5 \\ \times\ 3.6 \\ \hline 5\,7\,0 \\ 2\,8\,5 \\ \hline 3\,4.2\,\cancel{0} \end{array}$$

06 곱해지는 수와 곱하는 수가 소수 한 자리 수이므로 분모가 10인 분수로 나타내 계산합니다.

07 어떤 수에 1보다 큰 수를 곱하면 계산 결과가 어떤 수보다 커집니다.
참고 (어떤 수)×(1보다 큰 수)>(어떤 수)
(어떤 수)×(1보다 작은 수)<(어떤 수)

08 곱해지는 수가 소수 한 자리 수이고, 곱이 소수 세 자리 수이므로 곱하는 수는 소수 두 자리 수입니다.

09 $653 \times 0.01 = 6.53$, $0.653 \times 100 = 65.3$
$6.53 \times 10 = 65.3$, $6530 \times 0.001 = 6.53$,
$65.3 \times 100 = 6530$

10
$$\begin{array}{r} \overset{2\ 4}{} \\ 2.2\,5 \\ \times\qquad 8 \\ \hline 1\,8.0\,\cancel{0} \end{array} \qquad \begin{array}{r} 1\,8 \\ \times\ 3.7 \\ \hline 1\,2\,6 \\ 5\,4 \\ \hline 6\,6.6 \end{array}$$

11 ㉠ 0.76은 0.7보다 크므로 0.76×9는 6보다 큽니다.
㉡ 2.14는 2보다 크므로 3×2.14는 6보다 큽니다.
㉢ 1.8은 2보다 작고, 2.9는 3보다 작으므로 1.8×2.9는 6보다 작습니다.

12 정육각형은 여섯 변의 길이가 모두 같으므로 둘레는
(한 변)$\times 6 = 5.8 \times 6 = 34.8$ (cm)입니다.

13 $10.47 > 8.6 > 6.09 > 3.3$이므로
가장 큰 수는 10.47이고, 가장 작은 수는 3.3입니다.
➡ $10.47 \times 3.3 = 34.551$

14 $3.05 \times 4.2 = 12.81$, $2.3 \times 5.6 = 12.88$
➡ $12.81 < 12.88$

15 ㉠ $154 \times \square = 15.4 \Rightarrow \square = 0.1$
㉡ $\square \times 100 = 6.2 \Rightarrow \square = 0.062$
㉢ $2.8 \times \square = 280 \Rightarrow \square = 100$

16 3시간 48분 $= 3\dfrac{\overset{8}{\cancel{48}}}{\underset{10}{\cancel{60}}}$시간 $= 3\dfrac{8}{10}$시간 $= 3.8$시간
➡ (3시간 48분 동안 사용한 물의 양)
$= 0.3 \times 3.8 = 1.14$ (L)

17 (나무를 심은 간격 수) $= 7 - 1 = 6$(군데)
➡ (첫 번째 나무와 일곱 번째 나무 사이의 거리)
$=$ (나무 사이의 간격) $\times 6$
$= 6.28 \times 6 = 37.68$ (m)

18 곱이 가장 큰 곱셈식을 만들려면 곱하는 두 소수의 자연수 부분에 가장 큰 수와 두 번째로 큰 수를 놓아야 합니다.
$8 > 6 > 5 > 4$이므로 곱하는 두 소수의 자연수 부분에 8과 6을 놓으면 $8.5 \times 6.4 = 54.4$,
$8.4 \times 6.5 = 54.6$입니다.
따라서 곱이 가장 큰 곱셈식은 $8.4 \times 6.5 = 54.6$입니다.

19 예 ❶ $8.6 \times 5.2 = 44.72$
❷ $44.72 < 44.\square 1$에서 자연수 부분이 같고 소수 둘째 자리 수가 $2 > 1$이므로 $\square$ 안에는 7보다 큰 수인 8, 9가 들어갈 수 있습니다. ➡ 2개
❸ 2

채점 기준	배점
❶ 8.6×5.2를 계산한 경우	1점
❷ $\square$ 안에 들어갈 수 있는 수의 개수를 구한 경우	2점
❸ 답을 바르게 쓴 경우	2점

20 예 ❶ (공이 첫 번째로 튀어 오른 높이)
$= 6 \times 0.65 = 3.9$ (m)
❷ (공이 두 번째로 튀어 오른 높이)
$= 3.9 \times 0.65 = 2.535$ (m)
❸ 2.535

채점 기준	배점
❶ 공이 첫 번째로 튀어 오른 높이를 구한 경우	1점
❷ 공이 두 번째로 튀어 오른 높이를 구한 경우	2점
❸ 답을 바르게 쓴 경우	2점

단원평가 2회

01 0.56

02 33, 33, 165, 1.65

03 (위에서부터) 216, 1000, 0.216

04 1.6, 0.016

05
$$\begin{array}{r} 1.4 \\ \times\ 2\ 6 \\ \hline 8\ 4 \\ 2\ 8 \\ \hline 3\ 6.4 \end{array}$$

06 (선 연결)

07 (위에서부터) 1.02, 1.23

08 예 $12 \times 0.47 = 12 \times \dfrac{47}{100} = \dfrac{12 \times 47}{100}$

$= \dfrac{564}{100} = 5.64$

09 0.68

10 $5.5 \times 2.6 = 14.3$ / 14.3

11 방법 1 예 $3.8 \times 0.91 = \dfrac{38}{10} \times \dfrac{91}{100}$

$= \dfrac{38 \times 91}{10 \times 100}$

$= \dfrac{3458}{1000} = 3.458$

방법 2 예 $38 \times 91 = 3458$

$\downarrow \dfrac{1}{10}$배 $\downarrow \dfrac{1}{100}$배 $\downarrow \dfrac{1}{1000}$배

$3.8 \times 0.91 = 3.458$

12 78.2

13 ㉡

14 57, 58

15 ㉣, ㉡, ㉢, ㉠

16 ⑧.⑥ × ③.⑤ = ㉚.⑪

17 23

18 2.62

19 풀이 참조, 59.563

20 풀이 참조, 44.795

01 모눈 한 칸의 크기가 0.01이고, 모눈 56칸이 색칠되어 있으므로 $0.7 \times 0.8 = 0.56$입니다.

02 $0.33 = \dfrac{33}{100}$을 이용하여 분수의 곱셈으로 계산합니다.

03 $9 \times 24 = 216$이고 0.9는 9의 $\dfrac{1}{10}$배, 0.24는 24의 $\dfrac{1}{100}$배이므로 0.9×0.24는 216의 $\dfrac{1}{1000}$배인 0.216입니다.

04 $16 \times 0.1 = 1.6$, $1.6 \times 0.01 = 0.016$

05 보기와 같이 세로로 계산한 후 알맞은 곳에 소수점을 찍습니다.

06 곱하는 두 수의 소수점 아래 자리 수를 더한 것과 곱의 소수점 아래 자리 수가 같습니다.

07
$$\begin{array}{r} 0.6 \\ \times\ 1.7 \\ \hline 4\ 2 \\ 6 \\ \hline 1.0\ 2 \end{array} \qquad \begin{array}{r} 0.6 \\ \times\ 2.0\ 5 \\ \hline 3\ 0 \\ 1\ 2 \\ \hline 1.2\ 3\ \cancel{0} \end{array}$$

08 소수를 분수로 잘못 바꾸었습니다.

09 곱하는 수가 소수 한 자리 수, 곱이 소수 세 자리 수이므로 곱해지는 수는 소수 두 자리 수입니다.

10 (직사각형의 넓이)
= (가로) × (세로)
= $5.5 \times 2.6 = 14.3\ (\text{cm}^2)$

11 $3.8 = \dfrac{38}{10}$, $0.91 = \dfrac{91}{100}$을 이용하여 분수의 곱셈으로 계산할 수 있고, $38 \times 91 = 3458$을 이용하여 계산할 수 있습니다.

12 (준비한 음료수의 무게)
= $0.782 \times 100 = 78.2\ (\text{kg})$

13 ㉠ 32의 0.5배가 16이므로 32의 0.45배는 16보다 작습니다.
㉡ 2.03은 2보다 크고 8.1은 8보다 크므로 2.03×8.1은 16보다 큽니다.
㉢ 3.96은 4보다 작으므로 3.96과 4의 곱은 16보다 작습니다.

14 $6.3 \times 9 = 56.7$, $210 \times 0.28 = 58.8$

따라서 $56.7 < \square < 58.8$이므로 $\square$ 안에 들어갈 수 있는 자연수는 57, 58입니다.

15 ㉠ $0.8 \times 15 = 12$ ㉡ $1.21 \times 14 = 16.94$
㉢ $21 \times 0.75 = 15.75$ ㉣ $1.6 \times 11.2 = 17.92$
➡ ㉣ $17.92 > $ ㉡ $16.94 > $ ㉢ $15.75 > $ ㉠ 12

16 $8 > 6 > 5 > 3$이므로 만들 수 있는 가장 큰 소수 한 자리 수는 8.6, 가장 작은 소수 한 자리 수는 3.5입니다.
➡ $8.6 \times 3.5 = 30.1$

17 색칠한 부분을 붙이면 가로가 $8.5 - 3.5 = 5 \,(m)$, 세로가 4.6 m인 직사각형이 됩니다.
➡ (색칠한 부분의 넓이) $= 5 \times 4.6 = 23 \,(m^2)$

18 (빵을 만드는 데 사용한 밀가루의 양)
$= 5 \times 0.34 = 1.7 \,(kg)$
➡ (사용하고 남은 밀가루의 양)
$= 5 - 1.7 - 0.68 = 2.62 \,(kg)$

19 예 ❶ 10이 1개, 1이 2개, 0.1이 7개인 수는 12.7이고, 1이 4개, 0.1이 6개, 0.01이 9개인 수는 4.69입니다.
❷ 두 수의 곱은 $12.7 \times 4.69 = 59.563$입니다.
❸ 59.563

채점 기준	배점
❶ 두 수를 구한 경우	2점
❷ 두 수의 곱을 구한 경우	1점
❸ 답을 바르게 쓴 경우	2점

20 예 ❶ (한 시간 동안 사용하는 휘발유의 양)
$= 0.17 \times 85 = 14.45 \,(L)$
❷ 3시간 6분 $= 3\dfrac{\overset{1}{\cancel{6}}}{\underset{10}{\cancel{60}}}$ 시간 $= 3\dfrac{1}{10}$ 시간 $= 3.1$시간
➡ (3시간 6분 동안 사용한 휘발유의 양)
$= 14.45 \times 3.1 = 44.795 \,(L)$
❸ 44.795

채점 기준	배점
❶ 한 시간 동안 사용하는 휘발유의 양을 구한 경우	1점
❷ 3시간 6분 동안 사용한 휘발유의 양을 구한 경우	2점
❸ 답을 바르게 쓴 경우	2점

5단원 직육면체

교과서+익힘책 개념탄탄   137쪽

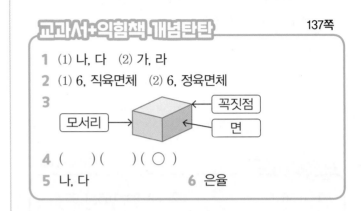

1 (1) 나, 다   (2) 가, 라
2 (1) 6, 직육면체   (2) 6, 정육면체
3 모서리 → / ← 꼭짓점 / ← 면
4 ( )( )(◯)
5 나, 다   **6** 은율

1 (1) 평면도형을 모두 찾으면 나, 다입니다.
　(2) 입체도형을 모두 찾으면 가, 라입니다.

2 (1) 직사각형 6개로 둘러싸인 입체도형을 직육면체라고 합니다.
　(2) 정사각형 6개로 둘러싸인 입체도형을 정육면체라고 합니다.

3 직육면체에서
　• 선분으로 둘러싸인 부분: 면
　• 면과 면이 만나는 선분: 모서리
　• 모서리와 모서리가 만나는 점: 꼭짓점

4 정사각형 6개로 둘러싸인 입체도형을 찾습니다.

5 직사각형 6개로 둘러싸인 입체도형을 모두 찾으면 나, 다입니다.

6 은율: 직육면체를 둘러싸는 도형은 직사각형입니다.

교과서+익힘책 개념탄탄   139쪽

1 겨냥도   **2** 실선, 점선
3 ( )( )(◯)   **4** 6, 12, 8
5   **6** 3, 3

1 직육면체의 모양을 잘 알 수 있도록 하기 위해 나타낸 그림을 직육면체의 겨냥도라고 합니다.

2 직육면체의 겨냥도를 그릴 때 보이는 모서리는 실선으로, 보이지 않는 모서리는 점선으로 그립니다.

3 보이는 모서리는 실선으로, 보이지 않는 모서리는 점선으로 그린 것을 찾습니다.

4 직육면체의 면은 6개, 모서리는 12개, 꼭짓점은 8개입니다.

5 겨냥도에서 빠진 부분을 찾아 보이는 모서리는 실선으로, 보이지 않는 모서리는 점선으로 그려 완성합니다.

6 정육면체에서 보이는 면은 3개, 보이지 않는 면은 3개입니다.

교과서+익힘책 개념탄탄   141쪽

1    2 밑면, 옆면
                                   3 (1) 3   (2) 4

4 면 ㅁㅂㅅㅇ, 면 ㄹㄷㅅㅇ, 면 ㄱㅁㅇㄹ
5 (1) 면 ㄱㄴㅂㅁ, 면 ㄴㅂㅅㄷ, 면 ㄷㅅㅇㄹ,
     면 ㄱㅁㅇㄹ
  (2) 면 ㄱㄴㄷㄹ, 면 ㄴㅂㅅㄷ, 면 ㅁㅂㅅㅇ,
     면 ㄱㅁㅇㄹ
6 ㉡

1 색칠한 면과 서로 마주 보고 있는 면을 찾아 색칠합니다.

2 직육면체에서
  • 서로 평행한 두 면: 밑면
  • 밑면과 수직으로 만나는 면: 옆면

3 (1) 마주 보고 있는 두 면은 서로 평행하므로 밑면이 될 수 있는 두 면은 다음과 같습니다.

 , , ➡ 3쌍

  (2) 밑면과 수직으로 만나는 면은 4개이므로 옆면은 모두 4개입니다.

4 주어진 면과 마주 보는 면을 각각 찾습니다.

5 주어진 면과 만나는 면 4개를 모두 찾습니다.

6 색칠한 면이 밑면일 때 옆면은 밑면과 수직으로 만나므로 옆면이 될 수 없는 것은 ㉡입니다.
참고 색칠한 면과 면 ㄴㅂㅅㄷ은 서로 평행합니다.

교과서+익힘책 개념탄탄   143쪽

1 전개도   2
                   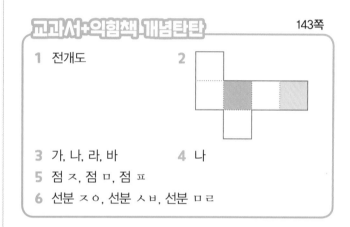

3 가, 나, 라, 바   4 나
5 점 ㅈ, 점 ㅁ, 점 ㅍ
6 선분 ㅈㅇ, 선분 ㅅㅂ, 선분 ㅁㄹ

1 직육면체의 모든 면이 이어지도록 모서리를 잘라서 평면 위에 펼친 그림을 직육면체의 전개도라고 합니다.

2 전개도를 접었을 때 색칠한 면과 마주 보고 있는 면을 찾아 색칠합니다.

3 전개도를 접었을 때 면 다와 수직인 면은 면 다와 평행한 면 마를 제외한 면 가, 면 나, 면 라, 면 바입니다.
참고 전개도를 접었을 때 면 다와 수직인 면은 면 다와 서로 만납니다.

4 가 전개도는 면이 5개이므로 정육면체의 전개도가 될 수 없습니다.

5 전개도를 접었을 때 각각 주어진 점과 겹치는 점을 찾습니다.

6 전개도를 접었을 때 주어진 선분의 두 점과 겹치는 점을 각각 찾은 다음 겹치는 선분을 찾습니다.
참고 전개도를 접었을 때 겹치는 선분의 길이는 각각 같습니다.

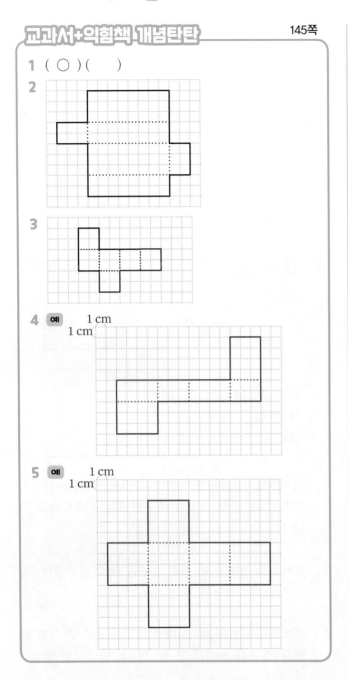

1 (○) (　　)
2
3
4 [예] 1 cm / 1 cm
5 [예] 1 cm / 1 cm

1 전개도에서 잘린 모서리는 실선으로, 잘리지 않은 모서리는 점선으로 그려야 합니다.

2 전개도에서 잘리지 않은 모서리를 찾아 점선으로 그립니다.

3 전개도에서 빠진 면을 모두 찾아 잘린 모서리는 실선으로, 잘리지 않은 모서리는 점선으로 그립니다.

4 모서리의 길이에 맞게 잘린 모서리는 실선으로, 잘리지 않은 모서리는 점선으로 그립니다.

5 한 모서리가 모눈 4칸인 정육면체의 전개도를 그립니다.

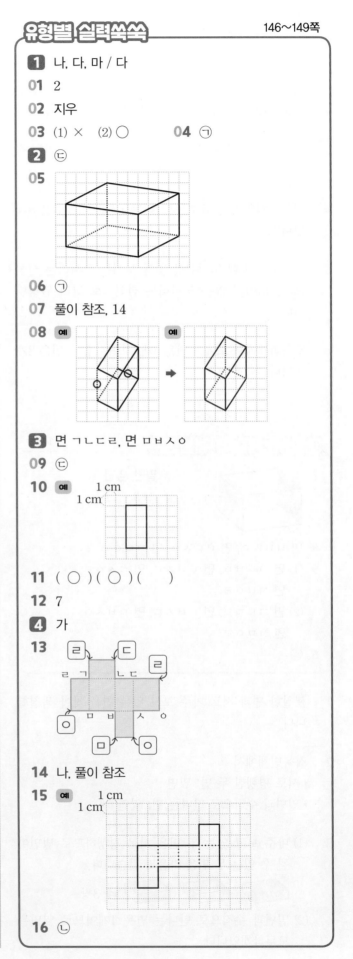

1 나, 다, 마 / 다
01 2
02 지우
03 (1) × (2) ○　　04 ㉠
2 ㉢
05
06 ㉠
07 풀이 참조, 14
08 [예] ➡ [예]
3 면 ㄱㄴㄷㄹ, 면 ㅁㅂㅅㅇ
09 ㉢
10 [예] 1 cm / 1 cm
11 (○) (○) (　　)
12 7
4 가
13
㉣ ㄷ
ㄹㄱ ㄴㄷ ㄹ
㉤ ㅁ ㅂ ㅅ ㅇ
㉤
14 나, 풀이 참조
15 [예] 1 cm / 1 cm
16 ㉡

1 직사각형 6개로 둘러싸인 입체도형을 모두 찾으면 나, 다, 마이고, 정사각형 6개로 둘러싸인 입체도형을 찾으면 다입니다.

01 직육면체 모양의 물건은 분홍색 필통과 주사위로 모두 2개입니다.

02 주어진 도형은 입체도형입니다.

03 (1) 선분으로 둘러싸인 부분을 면이라 하고, 면과 면이 만나는 선분을 모서리라고 합니다. 또, 모서리와 모서리가 만나는 점을 꼭짓점이라고 합니다.
따라서 선분 ㄷㄹ은 정육면체의 모서리입니다.

04 ㉡ 정육면체는 직육면체라고 할 수 있지만 직육면체는 정육면체라고 할 수 없습니다.
㉢ 정육면체와 직육면체는 면, 모서리, 꼭짓점의 수가 각각 같습니다.

2 ㉢ 보이지 않는 꼭짓점은 1개입니다.

참고

면		모서리		꼭짓점	
보이는 면	보이지 않는 면	보이는 모서리	보이지 않는 모서리	보이는 꼭짓점	보이지 않는 꼭짓점
3개	3개	9개	3개	7개	1개

05 직육면체에서 보이지 않는 모서리 3개를 찾아 점선으로 그립니다.

06 ㉠ 보이는 모서리의 수: 9개
㉡ 보이지 않는 면의 수: 3개
㉢ 꼭짓점의 수: 8개
➡ 9>8>3이므로 수가 가장 큰 것은 ㉠입니다.

07 예 ❶ 직육면체와 정육면체의 보이는 꼭짓점은 각각 7개입니다.
❷ (보이는 꼭짓점 수의 합)=7+7=14 (cm)
❸ 14

채점 기준
❶ 직육면체와 정육면체의 보이는 꼭짓점의 수를 각각 구한 경우
❷ 보이는 꼭짓점 수의 합을 구한 경우
❸ 답을 바르게 쓴 경우

08 보이는 모서리는 실선으로, 보이지 않는 모서리는 점선으로 그립니다.

3 • 면 ㄱㅁㅇㄹ에 수직인 면:
면 ㄱㄴㄷㄹ, 면 ㄱㄴㅂㅁ, 면 ㅁㅂㅅㅇ, 면 ㄷㅅㅇㄹ
• 면 ㄷㅅㅇㄹ에 수직인 면:
면 ㄱㄴㄷㄹ, 면 ㄴㅂㅅㄷ, 면 ㅁㅂㅅㅇ, 면 ㄱㅁㅇㄹ
➡ 동시에 수직인 면: 면 ㄱㄴㄷㄹ, 면 ㅁㅂㅅㅇ

09 ㉢ 면 ㄱㄴㅂㅁ과 면 ㄴㅂㅅㄷ은 서로 수직입니다.

10 색칠한 면과 평행한 면은 두 변이 각각 2 cm, 4 cm인 직사각형 모양입니다.

11 색칠한 면과 수직인 면은 색칠한 면과 만나는 면이므로 만나는 면의 모양을 찾습니다.
두 변이 각각 5 cm, 6 cm인 면은 색칠한 면과 평행한 면입니다.

12 • 밑면이 될 수 있는 두 면은 모두 3쌍입니다.
• 한 면과 평행한 면은 1개입니다.
• 한 꼭짓점에서 만나는 면은 모두 3개입니다.
➡ 합: 3+1+3=7

4 나   다
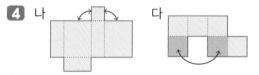

나: 접었을 때 겹치는 선분의 길이가 다릅니다.
다: 접었을 때 겹치는 면이 있습니다.

13 전개도를 접었을 때 겹치는 점을 생각하며 □ 안에 알맞은 기호를 써넣습니다.

14 ❶ 나
예 ❷ 나 전개도는 접었을 때 겹치는 면이 있으므로 정육면체의 전개도가 아닙니다.

채점 기준
❶ 정육면체의 전개도가 아닌 것을 찾은 경우
❷ 정육면체의 전개도가 아닌 이유를 바르게 쓴 경우

15 잘린 모서리는 실선으로, 잘리지 않은 모서리는 점선으로 그립니다.

16 전개도를 각각 접었을 때 ㉠과 ㉢은 면 나와 면 마가 서로 수직이고, ㉡은 면 나와 면 마가 서로 평행합니다.

1 (1) 3   (2) 21

1-1 36   **1-2** 45

2 (1) 5, 11   (2) 32

2-1 144   **2-2** 6

3 (1) 면에 ○표

   (2) 예

   3-1 예

   3-2 (○) (   ), 예

4 (1) 5, 3   (2) 8

4-1 예   2 cm
   2 cm

4-2

---

1 (1) 보이지 않는 모서리는 모두 3개입니다.

   (2) 직육면체에서 평행한 모서리의 길이는 각각 같으므로 보이지 않는 모서리의 길이는 각각 9 cm, 7 cm, 5 cm입니다.

   ➡ (보이지 않는 모서리의 길이의 합)
   $=9+7+5=21$ (cm)

1-1 정육면체에서 보이지 않는 모서리는 모두 3개입니다.
   정육면체는 모든 모서리의 길이가 같고, 한 모서리는

길이가 12 cm이므로
(보이지 않는 모서리의 길이의 합)
$=12 \times 3=36$ (cm)입니다.

1-2 정육면체에서 보이는 모서리는 9개, 보이지 않는 모서리는 3개입니다.
   정육면체는 모든 모서리의 길이가 같으므로
   (한 모서리의 길이)$=15 \div 3=5$ (cm)입니다.
   ➡ (보이는 모서리의 길이의 합)
   $=5 \times 9=45$ (cm)

2 (1) 직육면체에서 평행한 면은 서로 합동이므로 색칠한 면과 평행한 면의 서로 다른 두 변의 길이는 각각 5 cm, 11 cm입니다.

   (2) (색칠한 면과 평행한 면의 둘레)
   $=5+11+5+11=32$ (cm)

2-1 직육면체에서 평행한 면은 서로 합동이므로 밑면은 두 변이 각각 12 cm, 6 cm인 직사각형 모양입니다.
   (한 밑면의 넓이)$=12 \times 6=72$ (cm^2)이므로
   (두 밑면의 넓이의 합)$=72+72=144$ (cm^2)입니다.

2-2 직육면체에서 평행한 면은 서로 합동이므로 색칠한 면은 서로 다른 두 변이 각각 9 cm, □ cm인 직사각형 모양입니다.
   (색칠한 면의 둘레)$=9+□+9+□=30$,
   $18+□+□=30$, $□+□=12$, $□=6$

3 (1) 전개도를 접었을 때 겹치는 면이 있는지, 겹치는 선분의 길이가 다른 선분이 있는지 등 잘못 그린 이유를 찾아 확인합니다.

   (2) 전개도를 접었을 때 겹치는 면이 없도록 고쳐 그립니다.

3-1 정육면체의 전개도를 접었을 때 겹치는 면이 있으므로 겹치는 면이 없도록 고쳐 그립니다.

3-2 전개도를 접었을 때 겹치는 선분의 길이가 서로 다른 부분이 없도록 고쳐 그립니다.

4 (1) 면 ㉠과 평행한 면의 눈의 수는 2이므로 면 ㉠에 알맞은 눈의 수는 $7-2=5$, 면 ㉡과 평행한 면의 눈의 수는 4이므로 면 ㉡에 알맞은 눈의 수는 $7-4=3$입니다.

   (2) $5+3=8$

4-1 모눈 한 칸이 2 cm이므로 한 모서리가 모눈 3칸인 정육면체의 전개도를 완성합니다. 연두색 면, 주황색 면과 서로 마주 보고 있는 면을 찾아 각각 같은 색을 색칠한 다음, 남은 두 면에 파란색을 색칠합니다.

참고 서로 평행한 면의 색깔이 같도록 색칠합니다.

주의 모눈 한 칸이 2 cm임에 주의합니다.

4-2 만나는 면은 서로 수직이므로 ▢은 ■과 ◉에 각각 수직입니다.

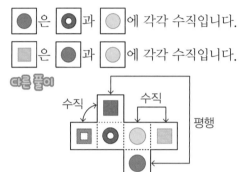

◉은 ◎과 ⬤에 각각 수직입니다.

■은 ● 과 ⬤ 에 각각 수직입니다.

다른 풀이

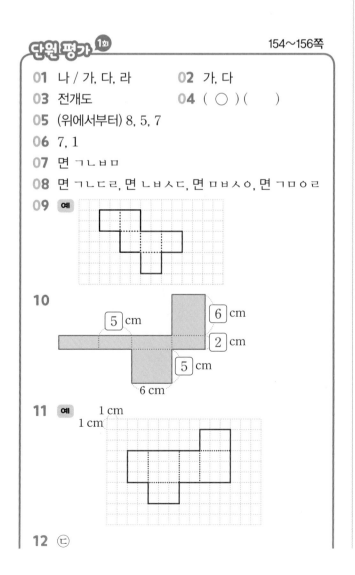

단원 평가 1회   154~156쪽

01 나 / 가, 다, 라   **02** 가, 다
03 전개도   **04** (◯) (   )
05 (위에서부터) 8, 5, 7
06 7, 1
07 면 ㄱㄴㅂㅁ
08 면 ㄱㄴㄷㄹ, 면 ㄴㅂㅅㄷ, 면 ㅁㅂㅅㅇ, 면 ㄱㅁㅇㄹ
09 예

10

5 cm, 6 cm, 2 cm, 5 cm, 6 cm

11 예   1 cm   1 cm

12 ㄷ

13 예

14 선분 ㄷㄹ

15 점 ㅁ, 점 ㅅ   **16** 가, 다
17 예   1 cm   1 cm   , 14

18 (위에서부터) 4, 2, 6   **19** 풀이 참조
20 풀이 참조, 32

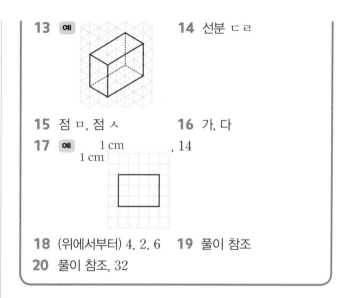

01 평면도형을 찾으면 나이고, 입체도형을 모두 찾으면 가, 다, 라입니다.

02 직사각형 6개로 둘러싸인 입체도형을 모두 찾으면 가, 다입니다.

03 직육면체의 모든 면이 이어지도록 모서리를 잘라서 평면 위에 펼친 그림을 직육면체의 전개도라고 합니다.

04 보이는 모서리는 실선으로, 보이지 않는 모서리는 점선으로 그린 것을 찾습니다.

05 직육면체에서 평행한 모서리의 길이는 각각 같습니다.

06 직육면체에서 보이는 꼭짓점은 7개, 보이지 않는 꼭짓점은 1개입니다.

07 색칠한 면과 마주 보고 있는 면을 찾습니다.

08 색칠한 면과 만나는 면 4개를 모두 찾습니다.

09 전개도에서 빠진 부분을 찾아 잘린 모서리는 실선으로, 잘리지 않은 모서리는 점선으로 그려 완성합니다.

10 전개도를 접었을 때 겹치는 선분의 길이는 같습니다.

11 모서리의 길이에 맞게 잘린 모서리는 실선으로, 잘리지 않은 모서리는 점선으로 그립니다.

12 ㉠ 정육면체의 모서리는 모두 12개입니다.
ㄴ 직육면체의 한 꼭짓점에서 만나는 면은 모두 3개입니다.

13 잘못 그린 부분을 모두 찾으면 아래와 같습니다.

예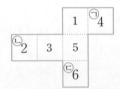

➡ 보이는 모서리는 실선으로, 보이지 않는 모서리는 점선으로 그립니다.

14 전개도를 접었을 때 점 ㄱ과 점 ㄷ, 점 ㅎ과 점 ㄹ이 겹치므로 선분 ㄱㅎ과 겹치는 선분은 선분 ㄷㄹ입니다.

15 전개도를 접었을 때 점 ㅋ과 겹치는 점은 점 ㅁ, 점 ㅅ입니다.

16 나: 전개도를 접었을 때 겹치는 면이 있습니다.
라: 직육면체의 전개도는 정육면체의 전개도라고 할 수 없습니다.

17 직육면체에서 평행한 면은 서로 합동이므로 색칠한 면과 평행한 면은 두 변이 각각 4 cm, 3 cm인 직사각형입니다.
➡ (그린 면의 둘레)=4+3+4+3=14 (cm)

18

		1	㉠4
㉡2	3	5	
		㉢6	

1이 적힌 면과 평행한 면: ㉢ ➡ ㉢=7-1=6
3이 적힌 면과 평행한 면: ㉠ ➡ ㉠=7-3=4
5가 적힌 면과 평행한 면: ㉡ ➡ ㉡=7-5=2

19 예 ❶ 정육면체는 정사각형 6개로 둘러싸인 입체도형입니다.
❷ 주어진 도형은 직사각형인 면이 있으므로 정육면체가 아닙니다.

채점 기준	배점
❶ 정육면체의 의미를 알고 있는 경우	2점
❷ 주어진 도형이 정육면체가 아닌 이유를 바르게 쓴 경우	3점

20 예 ❶ 보이지 않는 모서리의 길이는 각각 15 cm, 7 cm, 10 cm입니다.
❷ (보이지 않는 모서리의 길이의 합)
＝15+7+10=32 (cm)
❸ 32

채점 기준	배점
❶ 직육면체의 보이지 않는 모서리의 길이를 각각 구한 경우	2점
❷ 보이지 않는 모서리의 길이의 합을 구한 경우	1점
❸ 답을 바르게 쓴 경우	2점

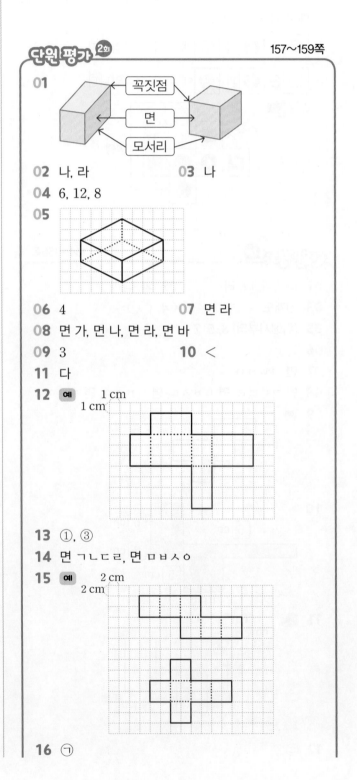

단원 평가 2회

157~159쪽

01 꼭짓점 / 면 / 모서리

02 나, 라   **03** 나
04 6, 12, 8
05

06 4   **07** 면 라
08 면 가, 면 나, 면 라, 면 바
09 3   **10** <
11 다
12 예   1 cm / 1 cm

13 ①, ③
14 면 ㄱㄴㄷㄹ, 면 ㅁㅂㅅㅇ
15 예   2 cm / 2 cm

16 ㉠

17 예
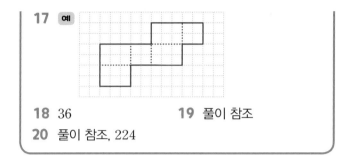

18 36 **19** 풀이 참조
20 풀이 참조, 224

01 • 선분으로 둘러싸인 부분: 면
• 면과 면이 만나는 선분: 모서리
• 모서리와 모서리가 만나는 점: 꼭짓점

02 직사각형 6개로 둘러싸인 입체도형을 모두 찾으면 나, 라입니다.

03 정사각형 6개로 둘러싸인 입체도형을 찾으면 나입니다.

04 직육면체의 면은 6개, 모서리는 12개, 꼭짓점은 8개입니다.

05 빠진 부분을 찾아 보이는 모서리는 실선으로, 보이지 않는 모서리는 점선으로 그려 완성합니다.

06 색칠한 면과 만나는 면은 모두 4개입니다.

07 전개도를 접었을 때 면 나와 평행한 면을 찾으면 면 라입니다.

08 전개도를 접었을 때 면 다와 평행한 면인 면 마를 제외한 면을 모두 찾습니다.

09 직육면체에서 서로 평행한 면은 모두 3쌍입니다.

10 보이지 않는 면의 수: 3개
보이는 꼭짓점의 수: 7개
➡ 3<7

11 가, 나: 전개도를 접었을 때 겹치는 면이 있으므로 직육면체의 전개도가 아닙니다.

13 전개도를 접었을 때 겹치는 점을 모두 찾습니다.

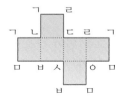

14 직육면체에서 만나는 두 면은 서로 수직입니다.
따라서 직육면체에서 색칠한 두 면과 동시에 만나는 면을 모두 찾으면 면 ㄱㄴㄷㄹ, 면 ㅁㅂㅅㅇ입니다.
참고 면 ㄱㅁㅂㄴ과 면 ㄴㅂㅅㄷ은 서로 수직입니다.

15 모눈 한 칸이 2 cm이므로 한 모서리가 모눈 2칸인 정육면체의 전개도를 두 가지로 그립니다.

16 전개도를 접었을 때 면 가와 면 바가 서로 수직으로 만나는 전개도는 ㉠입니다.
㉡은 면 가와 면 바가 서로 평행합니다.

17

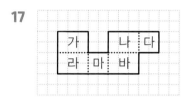

전개도를 접었을 때 면 가와 면 나가 겹치므로 면 가를 옮겨 전개도를 바르게 그립니다.

18 정육면체에서 보이는 모서리는 9개이고, 정육면체는 모서리의 길이가 모두 같으므로 한 모서리의 길이는 27÷9=3 (cm)입니다. 모서리는 모두 12개이므로 (모든 모서리의 길이의 합)=3×12=36 (cm)입니다.

19 예 같은 점 ❶ 면, 모서리, 꼭짓점의 수가 각각 같습니다.
다른점 ❷ 면의 모양이 직육면체는 직사각형, 정육면체는 정사각형입니다.

채점 기준	배점
❶ 직육면체와 정육면체의 같은 점을 쓴 경우	2점
❷ 직육면체와 정육면체의 다른 점을 쓴 경우	3점

20 예 ❶ 직육면체에서 평행한 면은 서로 합동이므로 밑면은 두 변이 각각 16 cm, 7 cm인 직사각형 모양입니다.
➡ (한 밑면의 넓이)=16×7=112 (cm²)
❷ (두 밑면의 넓이의 합)=112+112=224 (cm²)
❸ 224

채점 기준	배점
❶ 한 밑면의 넓이를 구한 경우	2점
❷ 두 밑면의 넓이의 합을 구한 경우	1점
❸ 답을 바르게 쓴 경우	2점

6단원 평균과 가능성

163쪽

교과서+익힘책 개념탄탄

1 4
2 평균에 ○표
3 (1) ○ (2) ×
4 120
5 120 ÷ 5 = 24, 24
6 (14 + 21 + 16 + 13) ÷ 4 = 16, 16

1 그래프에서 ○의 수를 고르게 하면 한 사람에게 ○가 4개씩이므로 구슬 수를 고르게 하면 한 사람이 가지고 있는 구슬은 4개입니다.

2 각 자룻값을 고르게 하여 그 자료를 대표하는 값으로 정할 수 있습니다. 이 값을 평균이라고 합니다.

3 (2) 점수를 고르게 하면 7점이므로 과녁 맞히기 점수의 평균은 7점입니다.

4 (5학년 전체 학생 수)
 = 25 + 22 + 23 + 24 + 26
 = 120(명)

5 5학년 반별 학생 수의 평균은 5학년 전체 학생 수를 반의 수로 나누면 됩니다.
 ➡ 120 ÷ 5 = 24(명)
 참고 (평균) = (자룻값의 합) ÷ (자료 수)

6 (연필 수의 평균)
 = (연필 수의 합) ÷ (학생 수)
 = (14 + 21 + 16 + 13) ÷ 4
 = 64 ÷ 4 = 16(자루)

165쪽

교과서+익힘책 개념탄탄

1 (8 + 7 + 3 + 6) ÷ 4 = 6, 6
2 (9 + 5 + 7) ÷ 3 = 7, 7
3 현수네 모둠
4 340
5 86
6 나 모둠

1 (8 + 7 + 3 + 6) ÷ 4 = 24 ÷ 4 = 6(개)

2 (9 + 5 + 7) ÷ 3 = 21 ÷ 3 = 7(개)

3 기둥에 건 고리 수의 평균을 비교해 보면 6 < 7이므로 평균이 더 큰 모둠은 현수네 모둠입니다.

4 음악 수행 평가 점수의 평균이 85점이므로 1회부터 4회까지 점수의 합은 85 × 4 = 340(점)입니다.
 참고 (평균) = (자룻값의 합) ÷ (자료 수)
 ➡ (자룻값의 합) = (평균) × (자료 수)

5 340 − (76 + 84 + 94) = 340 − 254 = 86(점)

6 한 사람당 모은 재활용 종이의 무게는 모둠별로 모은 재활용 종이 무게의 평균을 구하여 비교하면 됩니다.
 가 모둠: 36 ÷ 6 = 6 (kg)
 나 모둠: 35 ÷ 5 = 7 (kg)
 ➡ 6 < 7이므로 한 사람당 모은 재활용 종이의 무게가 더 무거운 모둠은 나 모둠입니다.

167쪽

교과서+익힘책 개념탄탄

1 (○) ( )
2 ( ) (○)
3 반반이다에 ○표
4 ㉡
5 ㉢
6

불가능 하다	~아닐 것 같다	반반 이다	~일 것 같다	확실 하다
			○	

7

불가능 하다	~아닐 것 같다	반반 이다	~일 것 같다	확실 하다
	○			

1 해는 서쪽으로 지므로 오늘 해가 동쪽으로 질 가능성은 '불가능하다'입니다.

2 12월 31일 다음 날은 1월 1일이므로 가능성은 '확실하다'입니다.

3 동전을 던지면 숫자 면 또는 그림 면이 나오므로 동전을 던졌을 때 그림 면이 나올 가능성은 '반반이다'입니다.

4 빨간색 구슬과 파란색 구슬이 1개씩 들어 있는 상자에서 꺼낸 구슬이 빨간색일 가능성은 '반반이다'입니다.

5 빨간색 구슬과 파란색 구슬이 1개씩 들어 있는 상자에서 꺼낸 구슬이 초록색일 가능성은 '불가능하다'입니다.

6 봄인 3월은 여름인 7월보다 보통 기온이 더 낮으므로 3월이 7월보다 더 추울 가능성은 '~일 것 같다'입니다.

7 주사위 눈의 수는 1부터 6까지이므로 주사위를 한 번 굴려서 나온 눈의 수가 6일 가능성은 '~아닐 것 같다'입니다.

6 회전판 가에서 화살이 초록색에 멈출 가능성은 '~일 것 같다'이고, 회전판 나에서 화살이 초록색에 멈출 가능성은 '~아닐 것 같다'입니다.
➡ 화살이 초록색에 멈출 가능성이 더 큰 회전판은 가입니다.

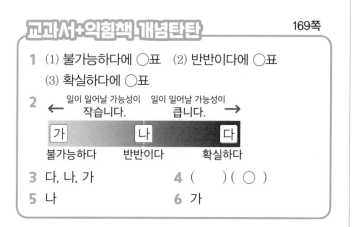

교과서+익힘책 개념탄탄   169쪽

1 (1) 불가능하다에 ○표   (2) 반반이다에 ○표
    (3) 확실하다에 ○표

2
일이 일어날 가능성이 작습니다. ← → 일이 일어날 가능성이 큽니다.

가	나	다
불가능하다	반반이다	확실하다

3 다, 나, 가   **4** (   )(○)
5 나   **6** 가

3 일이 일어날 가능성은 '확실하다' 방향으로 갈수록 크고, '불가능하다' 방향으로 갈수록 작습니다.

4 왼쪽 봉지에서 꺼낸 사탕이 딸기 맛일 가능성은 '~아닐 것 같다'이고, 오른쪽 봉지에서 꺼낸 사탕이 딸기 맛일 가능성은 '확실하다'입니다.
➡ 꺼낸 사탕이 딸기 맛일 가능성이 더 큰 봉지는 오른쪽 봉지입니다.

5 회전판 가에서 화살이 노란색에 멈출 가능성은 '~아닐 것 같다'이고, 회전판 나에서 화살이 노란색에 멈출 가능성은 '~일 것 같다'입니다.
➡ 화살이 노란색에 멈출 가능성이 더 큰 회전판은 나입니다.

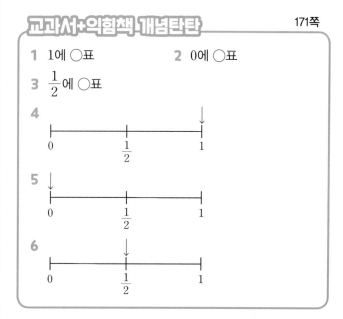

교과서+익힘책 개념탄탄   171쪽

1 1에 ○표   **2** 0에 ○표
3 $\frac{1}{2}$에 ○표

4
```
0 ———————— 1/2 ———————↓ 1
```

5
```
↓ 0 ———————— 1/2 ———————— 1
```

6
```
0 ————————↓ 1/2 ———————— 1
```

1 꺼낸 공이 주황색일 가능성은 '확실하다'이므로 수로 나타내면 1입니다.

2 꺼낸 공이 보라색일 가능성은 '불가능하다'이므로 수로 나타내면 0입니다.

3 뽑은 카드가 서로 다른 카드 2장 중에서 1장일 가능성은 각각 '반반이다'이므로 수로 나타내면 $\frac{1}{2}$입니다.

4 회전판 가의 화살을 돌렸을 때 화살이 하늘색에 멈출 가능성은 '확실하다'이므로 수로 나타내면 1입니다.

5 회전판 다의 화살을 돌렸을 때 화살이 하늘색에 멈출 가능성은 '불가능하다'이므로 수로 나타내면 0입니다.

6 회전판 나의 화살을 돌렸을 때 화살이 하늘색에 멈출 가능성은 '반반이다'이므로 수로 나타내면 $\frac{1}{2}$입니다.

바른답·알찬풀이

① 16
01 9   **02** 800
03 14   **04** 12, 19
② 9
05 가 모둠   **06** 풀이 참조, 가볍습니다.
07 혜리   **08** 21
③ 불가능하다, 0
09   **10** (1) $\frac{1}{2}$ (2) 0

11 예
$$\begin{array}{c} \quad\downarrow \quad \\ \vdash\!\!\!\!-\!\!-\!\!-\!\!-\!\!-\!\!-\!\!-\!\!\dashv \\ 0 \qquad \frac{1}{2} \qquad 1 \end{array}$$

12 ㉡
④ ㉠, ㉢, ㉣
13 빨간색, 파란색   **14** 나
15 나, 풀이 참조   **16** ㉢, ㉠, ㉣, ㉤, ㉣

① (평균)=(14+12+16+20+18)÷5
　　　　=80÷5=16 (m)

01 (평균)=(8+13+9+6)÷4=36÷4=9(명)

02 오늘 버린 쓰레기 양은 민지네 가족이 900 g, 형우네 가족이 700 g, 수재네 가족이 800 g입니다.
➡ (평균)=(900+700+800)÷3
　　　　　=2400÷3=800 (g)

03 (평균)=(7+11+16+14+12+20+18)÷7
　　　　=98÷7=14(번)

04 (평일의 평균)=(7+11+16+14+12)÷5
　　　　　　　=60÷5=12(번)
(주말의 평균)=(20+18)÷2
　　　　　　=38÷2=19(번)

② 다섯 달 동안 읽은 책 수의 평균이 7권이므로 다섯 달 동안 읽은 책은 모두 7×5=35(권)입니다.
➡ (5월에 읽은 책 수)=35-(4+6+9+7)
　　　　　　　　　=35-26=9(권)

05 (가 모둠의 붙임 딱지 수의 평균)
　=(6+4+8+10)÷4=28÷4=7(장)
(나 모둠의 붙임 딱지 수의 평균)
　=(5+8+5)÷3=18÷3=6(장)
➡ 7>6이므로 모은 붙임 딱지 수의 평균이 더 큰 모둠은 가 모둠입니다.

06 예 ❶ 세 사람 몸무게의 합이 38×3=114 (kg)이므로 주영이의 몸무게는 114-(45+32)=37 (kg)입니다.
❷ 37<38이므로 주영이의 몸무게는 평균보다 가볍습니다.
❸ 가볍습니다.

채점 기준
❶ 주영이의 몸무게를 구한 경우
❷ 주영이의 몸무게와 평균을 바르게 비교한 경우
❸ 답을 바르게 쓴 경우

07 (혜리의 줄넘기 횟수의 평균)
　=1750÷7=250(번)
(상우의 줄넘기 횟수의 평균)
　=2300÷10=230(번)
➡ 250>230이므로 줄넘기 횟수의 평균이 더 큰 친구는 혜리입니다.

08 (정우의 100 m 달리기 기록의 평균)
　=(18+20+19)÷3=57÷3=19(초)
승기의 100 m 달리기 기록의 평균도 19초이므로 4회 동안 기록의 합은 19×4=76(초)입니다.
➡ (승기의 3회 기록)=76-(17+20+18)
　　　　　　　　　=76-55=21(초)

③ 검은색 바둑돌만 들어 있는 통에서 꺼낸 바둑돌이 흰색일 가능성은 '불가능하다'이고, 수로 나타내면 0입니다.

09 화살이 노란색에 멈출 가능성은 왼쪽 회전판이 '확실하다', 가운데 회전판이 '불가능하다', 오른쪽 회전판이 '반반이다'입니다.

10 (1) 대기 번호표의 번호는 짝수 또는 홀수이므로 홀수일 가능성은 '반반이다'이고, 수로 나타내면 $\frac{1}{2}$입니다.
(2) 오늘 놀이터에서 살아 있는 용을 볼 가능성은 '불가능하다'이고, 수로 나타내면 0입니다.

11 빨간색 공이 검은색 공보다 적게 들어 있는 상자에서 꺼낸 공이 빨간색일 가능성은 '~아닐 것 같다'이고, 이것은 0과 $\frac{1}{2}$ 사이에 ↓로 나타냅니다.

12 ㉠ 어미 개가 알을 낳을 가능성은 '불가능하다'이고, 수로 나타내면 0입니다.
㉡ 물이 든 컵을 뚜껑 없이 거꾸로 들면 물이 쏟아질 가능성은 '확실하다'이고, 수로 나타내면 1입니다.

4 ㉠ 확실하다   ㉡ 불가능하다   ㉢ 반반이다
➡ '확실하다'일 때 가능성이 가장 크고, '불가능하다'일 때 가능성이 가장 작습니다.

13 고리가 빨간색 막대에 걸릴 가능성은 '~일 것 같다'이고, 파란색 막대에 걸릴 가능성은 '~아닐 것 같다'입니다.
따라서 고리가 빨간색 막대에 걸릴 가능성이 파란색 막대에 걸릴 가능성보다 더 큽니다.

14 가에서 뽑은 카드가 ★일 가능성은 '~일 것 같다'이고, 나에서 뽑은 카드가 ★일 가능성은 '~아닐 것 같다'이므로 가능성이 더 작은 것은 나입니다.

15 ❶ 나
㉞ ❷ '당첨' 부분이 더 넓은 회전판을 찾으면 나이기 때문입니다.

채점 기준
❶ 가능성이 더 큰 회전판의 기호를 바르게 쓴 경우
❷ 이유를 바르게 쓴 경우

16 ㉠ ~일 것 같다   ㉡ 반반이다   ㉢ 확실하다
㉣ 불가능하다   ㉤ ~아닐 것 같다
➡ 가능성이 큰 순서대로 기호를 쓰면
㉢, ㉠, ㉡, ㉤, ㉣입니다.

응용+수학역량 UP UP
176~178쪽

1 (1) 1728   (2) 1172   (3) 145
1-1 8   **1-2** 22
2 (1) 8   (2) 8
2-1 11   **2-2** 25
3 ㉞   ㉞

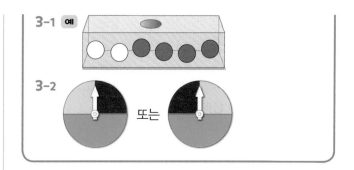

3-1 ㉞
3-2 또는

1 (1) 12명의 키의 평균이 144 cm이므로 남학생 12명의 키의 합은 144×12=1728 (cm)입니다.
(2) 8명의 키의 평균이 146.5 cm이므로 여학생 8명의 키의 합은 146.5×8=1172 (cm)입니다.
(3) 유나네 반 전체 학생은 12+8=20(명)이고, 키의 합은 1728+1172=2900 (cm)이므로 유나네 반 전체 학생 키의 평균은 2900÷20=145 (cm)입니다.

1-1 가 모둠이 맞힌 문제 수의 평균이 11문제이므로 가 모둠 4명이 맞힌 문제 수의 합은 11×4=44(문제), 나 모둠이 맞힌 문제 수의 평균이 6문제이므로 나 모둠 6명이 맞힌 문제 수의 합은 6×6=36(문제), 다 모둠이 맞힌 문제 수의 평균이 8문제이므로 다 모둠 5명이 맞힌 문제 수의 합은 8×5=40(문제)입니다.
혜린이네 반은 모두 4+6+5=15(명)이고, 맞힌 문제 수의 합이 44+36+40=120(문제)이므로 혜린이네 반 전체 학생이 맞힌 문제 수의 평균은 120÷15=8(문제)입니다.

1-2 첫 번째부터 5번째까지 제기차기 기록의 합은 21×5=105(개)이고, 첫 번째부터 6번째까지 제기차기 기록의 합은 105+27=132(개)입니다.
따라서 서준이의 첫 번째부터 6번째까지 제기차기 기록의 평균은 132÷6=22(개)입니다.

2 (1) (8월부터 11월까지 읽은 책 수의 평균)
=(11+7+6+8)÷4=32÷4=8(권)
(2) 8월부터 12월까지 읽은 책 수의 평균이 8월부터 11월까지 읽은 책 수의 평균보다 크려면 12월에는 책을 최소 8권보다 많이 읽어야 합니다.

2-1 (1회부터 4회까지 기록의 평균)
=(10+9+13+12)÷4=44÷4=11(초)
1회부터 5회까지 기록의 평균이 1회부터 4회까지 기록의 평균보다 크려면 5회의 기록은 최소 11초보다 길어야 합니다.

2-2 월요일부터 목요일까지 방 온도의 평균은
$(20+19+18+23)÷4=80÷4=20$ (℃)입니다.
월요일부터 금요일까지 방 온도의 평균은
$20+1=21$ (℃)이므로 5일 동안 방 온도의 합은
$21×5=105$ (℃)입니다.
➡ (금요일의 방 온도)$=105-80=25$ (℃)

3 화살이 검은색에 멈출 가능성이 0보다 크고 $\frac{1}{2}$ 보다

작은 회전판이 되려면 왼쪽 회전판은 3칸 중에서 1칸
에 색칠하면 되고, 오른쪽 회전판은 5칸 중에서 1칸
또는 2칸에 색칠하면 됩니다.

참고 다음과 같이 색칠해도 정답입니다.

왼쪽 회전판:

오른쪽 회전판:

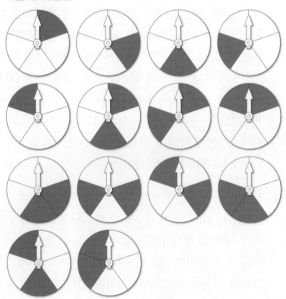

3-1 꺼낸 공이 검은색일 가능성이 $\frac{1}{2}$ 보다 크고 1보다 작

게 되려면 상자에 들어 있는 공 6개 중에서 4개 또는
5개에 색칠하면 됩니다.

3-2 화살이 초록색에 멈출 가능성이 가장 크려면 회전판
의 아래쪽 넓은 부분에 초록색을 색칠하면 됩니다.
화살이 노란색에 멈출 가능성과 빨간색에 멈출 가능
성이 같으므로 위쪽 넓이가 같은 부분에 각각 노란색
과 빨간색을 색칠하면 됩니다.

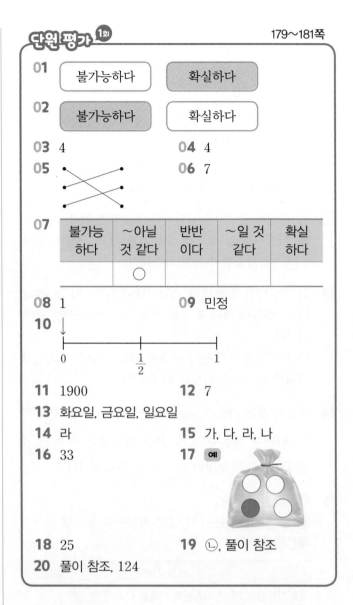

01 [불가능하다] [확실하다]

02 [불가능하다] [확실하다]

03 4   **04** 4

05 (선 연결)   **06** 7

07

불가능 하다	~아닐 것 같다	반반 이다	~일 것 같다	확실 하다
	○			

08 1   **09** 민정

10

↓
0    $\frac{1}{2}$ 1

11 1900   **12** 7

13 화요일, 금요일, 일요일

14 라   **15** 가, 다, 라, 나

16 33   **17** 예

18 25   **19** ㉡, 풀이 참조

20 풀이 참조, 124

01 월요일 다음 날은 화요일이므로 가능성은 '확실하다'
입니다.

02 고양이는 날 수 없으므로 가능성은 '불가능하다'입니다.

04 카드 수를 고르게 하면 한 명이 가지고 있는 카드는
4장이고, 이것이 3명의 친구들이 가지고 있는 카드
수의 평균입니다.

05 일이 일어날 가능성 '확실하다'는 수 1로, '불가능하
다'는 수 0으로, '반반이다'는 수 $\frac{1}{2}$ 로 나타냅니다.

06 (평균)$=(4+11+6+7)÷4$
$=28÷4=7$(일)

07 지금까지 장난감을 샀을 때 불량품을 고른 적이 거의
없으므로 가능성은 '~아닐 것 같다'입니다.

08 켜져 있는 난로 앞에 얼음을 놓으면 얼음이 녹을 가능성은 '확실하다'이고, 수로 나타내면 1입니다.

09 평균은 각 자룟값을 고르게 하여 나타낸 값입니다.

10 주사위를 굴렸을 때 주사위 눈의 수가 7이 나올 가능성은 '불가능하다'이고, 수로 나타내면 0이므로 그림의 0에 ↓로 나타냅니다.

11 첫째 주: 2400원, 둘째 주: 1400원, 셋째 주: 2000원, 넷째 주: 1800원
➡ (평균)=(2400+1400+2000+1800)÷4
=7600÷4=1900(원)

12 (평균)=(8+6+11+9+5+7+3)÷7
=49÷7=7 (℃)

13 낮 최고 기온이 평균인 7 ℃보다 낮았던 요일은 화요일, 금요일, 일요일입니다.

14 화살이 빨간색에 멈출 가능성과 초록색에 멈출 가능성이 각각 '반반이다'로 같은 회전판은 라입니다.

15 회전판 가: 확실하다, 회전판 나: ~아닐 것 같다, 회전판 다: ~일 것 같다, 회전판 라: 반반이다
➡ 가능성이 큰 순서대로 기호를 쓰면 가, 다, 라, 나입니다.

16 (1회부터 3회까지 넣은 콩 주머니 수의 평균)
=(34+26+39)÷3=99÷3=33(개)
따라서 4회에는 콩 주머니를 최소 33개보다 많이 넣어야 합니다.

17 꺼낸 구슬이 검은색일 가능성이 0보다 크고 $\frac{1}{2}$ 보다 작게 되려면 주머니에 들어 있는 구슬 4개 중에서 1개에 색칠하면 됩니다.

18 (1회부터 4회까지 윗몸 일으키기 기록의 합)
=23×4=92(번)
(1회부터 5회까지 윗몸 일으키기 기록의 합)
=92+33=125(번)
➡ (1회부터 5회까지 윗몸 일으키기 기록의 평균)
=125÷5=25(번)

19 ❶ ⓒ
예 ❷ 100원짜리 동전과 500원짜리 동전이 같은 개수로 들어 있기 때문입니다.

채점 기준	배점
❶ □ 안에 알맞은 기호를 써넣은 경우	2점
❷ 이유를 바르게 쓴 경우	3점

20 **예** ❶ 은서의 타자 기록의 평균이
(135+127+143+115)÷4=520÷4=130(타)
이므로 지아의 타자 기록의 평균도 130타입니다.
❷ 지아의 타자 기록의 합이 130×3=390(타)이므로
□=390−(129+137)=124입니다.
❸ 124

채점 기준	배점
❶ 은서와 지아의 타자 기록의 평균을 구한 경우	2점
❷ □ 안에 알맞은 수를 구한 경우	1점
❸ 답을 바르게 쓴 경우	2점

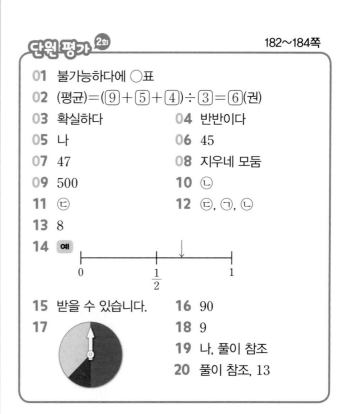

단원 평가 2회 182~184쪽

01 불가능하다에 ◯표
02 (평균)=(⑨+⑤+④)÷③=⑥(권)
03 확실하다　　　**04** 반반이다
05 나　　　　　　**06** 45
07 47　　　　　　**08** 지우네 모둠
09 500　　　　　**10** ⓒ
11 ⓒ　　　　　　**12** ⓒ, ⊙, ⓛ
13 8
14 **예**
15 받을 수 있습니다.　**16** 90
17 　　　　　　　　**18** 9
19 나, 풀이 참조
20 풀이 참조, 13

01 검은색 바둑돌만 들어 있는 주머니에서 꺼낸 바둑돌이 흰색일 가능성은 '불가능하다'입니다.

02 (평균)=(자룟값의 합)÷(자료 수)

03 비가 오고 있으면 운동장이 젖을 것이므로 가능성은 '확실하다'입니다.

04 대기 번호표의 번호는 짝수 또는 홀수이므로 짝수일 가능성은 '반반이다'입니다.

05 가 봉지에서 꺼낸 과자가 ♡ 모양일 가능성은 '~아닐 것 같다'이고, 나 봉지에서 꺼낸 과자가 ♡ 모양일 가능성은 '~일 것 같다'입니다. 따라서 꺼낸 과자가 ♡ 모양일 가능성이 더 큰 봉지는 나입니다.

06 (성재네 모둠의 평균)$=(50+45+55+30)\div4$
　　　　　　　　　　$=180\div4=45$(분)

07 (지우네 모둠의 평균)$=(55+34+52)\div3$
　　　　　　　　　　$=141\div3=47$(분)

08 $45<47$이므로 어제 공부한 시간의 평균이 더 큰 모둠은 지우네 모둠입니다.

09 비커 3개에 담긴 물의 양은 각각 600 mL, 700 mL, 200 mL입니다.
➡ (비커에 담긴 물의 양의 평균)
　　$=(600+700+200)\div3$
　　$=1500\div3=500$ (mL)

10 1부터 10까지의 수 카드 중에서 한 장을 뽑을 때, 뽑은 카드의 수가 0일 경우는 없으므로 ㉡의 가능성은 '불가능하다'입니다.

11 1부터 10까지의 수 카드 중에서 한 장을 뽑을 때, 뽑은 카드의 수는 모두 20보다 작으므로 ㉢의 가능성은 '확실하다'이고, 수로 나타내면 1입니다.

12 ㉠ 반반이다　　㉡ 불가능하다　　㉢ 확실하다

13 (4명의 점수의 합)$=8.25\times4=33$(점)
➡ (시우가 준 점수)$=33-(7.5+9+8.5)$
　　　　　　　　　$=33-25=8$(점)

14 회전판에서 분홍색 부분이 하늘색 부분보다 더 넓으므로 화살이 분홍색에 멈출 가능성은 '~일 것 같다'이고, 이것은 $\dfrac{1}{2}$과 1 사이에 ↓로 나타내면 됩니다.

15 (평균)$=(175+192+188+172+198)\div5$
　　　　$=925\div5=185$ (cm)
기록의 평균인 185 cm는 185 cm 이상이므로 1급을 받을 수 있습니다.
참고 ▲ 이상인 수에는 ▲가 포함됩니다.

16 (1회부터 4회까지 국어 수행 평가 점수의 합)
　$=95\times4=380$(점)
(1회부터 5회까지 국어 수행 평가 점수의 합)
　$=94\times5=470$(점)
➡ (은수의 5회 국어 수행 평가 점수)
　　$=470-380=90$(점)

17 화살이 빨간색에 멈출 가능성이 가장 작으려면 회전판의 가장 좁은 부분에 빨간색을 색칠합니다.
화살이 파란색에 멈출 가능성이 가장 크려면 회전판의 가장 넓은 부분에 파란색을 색칠하고, 나머지 부분에 노란색을 색칠합니다.

18 (로운이네 가족 4명의 나이의 합)$=28\times4=112$(살)
동생의 나이를 □살이라고 하면, 어머니의 나이는 (□×5)살이므로 $46+□\times5+12+□=112$,
$□\times5+□=112-46-12$, $□\times6=54$, $□=9$입니다.
└ □+□+□+□+□+□=□×6
따라서 동생의 나이는 9살입니다.

19 ❶ 나
예 ❷ 초록색이 가장 좁게 칠해져 있는 회전판은 나이기 때문입니다.

채점 기준	배점
❶ 당첨될 가능성이 가장 작은 회전판의 기호를 바르게 쓴 경우	2점
❷ 이유를 바르게 쓴 경우	3점

20 예 ❶ 남학생이 캔 고구마 무게의 합은 $11.8\times10=118$ (kg), 여학생이 캔 고구마 무게의 합은 $14\times12=168$ (kg)이므로 전체 학생이 캔 고구마 무게의 합은 $118+168=286$ (kg)입니다.
❷ 유미네 반 전체 학생 $10+12=22$(명)이 캔 고구마 무게의 평균은 $286\div22=13$ (kg)입니다.
❸ 13

채점 기준	배점
❶ 전체 학생이 캔 고구마 무게의 합을 구한 경우	2점
❷ 전체 학생이 캔 고구마 무게의 평균을 구한 경우	1점
❸ 답을 바르게 쓴 경우	2점

사자성어, 속담, 맞춤법(총3책)

퍼즐런

초등 필수 어휘를 퍼즐 학습으로 재미있게 배우자!

- 하루에 4개씩 25일 완성으로 집중력 UP!
- 다양한 게임 퍼즐과 쓰기 퍼즐로 기억력 UP!
- 생활 속 상황과 예문으로 문해력의 바탕 어휘력 UP!

www.mirae-n.com

학습하다가 이해되지 않는 부분이나 정오표 등의 궁금한 사항이 있나요?
미래엔 홈페이지에서 해결해 드립니다.

교재 내용 문의
나의 교재 문의 | 수학 과외쌤 | 자주하는 질문 | 기타 문의

교재 자료 및 정답
동영상 강의 | 쌍둥이 문제 | 정답과 해설 | 정오표

미래엔 **N** 맘
No.1 New Network
http://cafe.naver.com/mathmap

함께해요!
바른 공부법 캠페인

궁금해요!
교재 질문 & 학습 고민 타파

공부해요!
미래엔 에듀 초·중등 교재

참여해요!
선물이 마구 쏟아지는 이벤트

초등학교

학년　　　반　　　이름

예비초등

한글 완성

초등학교 입학 전
한글 읽기·쓰기 동시에 끝내기 [총3책]

예비 초등

자신있는 초등학교 입학 준비!

[국어, 수학, 통합교과, 학교생활 총4책]

 독해

독해 시작편

초등학교 입학 전 독해 시작하기
[총2책]

독해

교과서 단계에 맞춰 학기별
읽기 전략 공략하기 [총12책]

비문학 독해 사회편

사회 영역의 배경지식을 키우고,
비문학 읽기 전략 공략하기 [총6책]

비문학 독해 과학편

과학 영역의 배경지식을 키우고,
비문학 읽기 전략 공략하기 [총6책]

 쏙셈

쏙셈 시작편

초등학교 입학 전 연산 시작하기
[총2책]

쏙셈

교과서에 따른 수·연산·도형·측정까지
계산력 향상하기 [총12책]

창의력 쏙셈

문장제 문제부터 창의·사고력 문제까지
수학 역량 키우기 [총12책]

쏙셈 분수·소수

3~6학년 분수·소수의 개념과 연산 원리를
집중 훈련하기 [분수 2책, 소수 2책]

 **ENGLISH BITE**

알파벳 쓰기

알파벳을 보고 듣고 따라 쓰며 읽기·쓰기
한 번에 끝내기 [총1책]

파닉스

알파벳의 정확한 소릿값을 익히며
영단어 읽기 [총2책]

사이트 워드

192개 사이트 워드 학습으로
리딩 자신감 쑥쑥 키우기 [총2책]

영단어

학년별 필수 영단어를 다양한
활동으로 공략하기 [총4책]

영문법

예문과 다양한 활동으로
영문법 기초 다지기 [총4책]

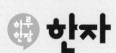 **한자**

교과서 한자 어휘도 익히고
급수 한자까지 대비하기
[총12책]

 큰별★쌤 최태성의
한국사

큰별쌤의 명쾌한 강의와 풍부한 시각
자료로 역사의 흐름과 사건을 이미지
로 기억하기 [총3책]

 하루 한장 학습 관리 앱

손쉬운 학습 관리로 올바른
공부 습관을 키워요!

개념과 **연산 원리**를 집중하여
한 번에 잡는 **쏙셈 영역 학습서**

하루 한장 쏙셈
분수·소수 시리즈

하루 한장 쏙셈 분수·소수 시리즈는
학년별로 흩어져 있는 분수·소수의 개념을
연결하여 집중적으로 학습하고,
재미있게 연산 원리를 깨치게 합니다.

하루 한장 쏙셈 분수·소수 시리즈로
초등학교 분수, 소수의 탁월한 감각을 기르고,
중학교 수학에서도 자신있게 실력을 발휘해 보세요.

APP 다운로드

스마트 학습 서비스 맛보기
분수와 소수의 원리를
직접 조작하며 익혀요!

분수 1권
초등학교 3~4학년

- ❯ 분수의 뜻
- ❯ 단위분수, 진분수, 가분수, 대분수
- ❯ 분수의 크기 비교
- ❯ 분모가 같은 분수의 덧셈과 뺄셈
  ⋮

3학년 1학기 _ 분수와 소수
3학년 2학기 _ 분수
4학년 2학기 _ 분수의 덧셈과 뺄셈